全国职业院校"十三五"规划教材（物联网技术应用专业）

物联网信息技术应用

主　编　王伟旗　王　浩

副主编　徐军明　寻桂莲　汤益华　张　侃　王昱斌

中国水利水电出版社
www.waterpub.com.cn
·北京·

内 容 提 要

　　本书以贴近实际的具体项目为依托，使必须掌握的基本知识与项目设计和实施建立联系，将能力和技能培养贯穿其中。本书根据物联网产业对人才的知识和技能要求，设计了七个项目：认识物联网、温湿度采集风扇控制应用、光照度采集步进电机控制应用、人体红外采集继电器控制应用、烟雾气体采集报警灯控制应用、智能音乐无线播放控制应用、物联网无线通信应用。本书根据项目实施过程，以任务方式将课程内容的各种实际操作"项目化"，使学生能在较短时间内掌握物联网传感器采集和执行机构控制技术。

　　本书可作为中职学校和高职学校物联网技术相关专业的课程教材，也可作为物联网应用技术考证培训参考书。

图书在版编目（CIP）数据

物联网信息技术应用 / 王伟旗，王浩主编. -- 北京：中国水利水电出版社，2018.12
全国职业院校"十三五"规划教材. 物联网技术应用专业
ISBN 978-7-5170-7231-7

Ⅰ. ①物… Ⅱ. ①王… ②王… Ⅲ. ①互联网络－应用－高等职业教育－教材②智能技术－应用－高等职业教育－教材 Ⅳ. ①TP393.4②TP18

中国版本图书馆CIP数据核字(2018)第273800号

策划编辑：石永峰　责任编辑：张玉玲　加工编辑：赵佳琦　封面设计：梁　燕

书　名	全国职业院校"十三五"规划教材（物联网技术应用专业） 物联网信息技术应用 WULIANWANG XINXI JISHU YINGYONG
作　者	主　编　王伟旗　王　浩 副主编　徐军明　寻桂莲　汤益华　张　侃　王昱斌
出版发行	中国水利水电出版社 （北京市海淀区玉渊潭南路1号D座 100038） 网址：www.waterpub.com.cn E-mail: mchannel@263.net（万水） 　　　　sales@waterpub.com.cn 电话：（010）68367658（营销中心）、82562819（万水）
经　售	全国各地新华书店和相关出版物销售网点
排　版	北京万水电子信息有限公司
印　刷	三河航远印刷有限公司
规　格	184mm×260mm　16开本　12.75印张　280千字
版　次	2018年12月第1版　2018年12月第1次印刷
印　数	0001—3000册
定　价	32.00元

前　言

物联网信息技术应用是一门操作性很强的专业基础课程，注重理论知识和实践应用的紧密结合。本书的设计思路采用项目式和任务驱动方式将课程内容实际操作"项目化"，项目课程强调不仅要给学生知识，而且要通过训练，使学生能够在知识与工作任务之间建立联系。项目化课程的实施将课程的技能目标、学习目标要素贯穿在对工作任务的认识、体验和实施当中，并通过技能训练加以考核和完成。在项目课程的实施过程中，以项目任务为驱动，强化知识的学习和技能的培养。

本书以贴近实际的具体项目为依托，使必须掌握的基本知识与项目设计和实施建立联系，将能力和技能培养贯穿其中。本书根据物联网产业对人才的知识和技能要求，设计了七个项目：认识物联网、温湿度采集风扇控制应用、光照度采集步进电机控制应用、人体红外采集继电器控制应用、烟雾气体采集报警灯控制应用、智能音乐无线播放控制应用、物联网无线通信应用。本书中的每一个项目以任务驱动方式将课程内容知识点通过各种实际操作加以训练，使学生能在较短时间内通过图形化开发平台掌握物联网传感器采集和执行机构控制技术。

本书内容体系完整、案例详实，叙述风格平实、通俗易懂，书中的所有程序实例已全部通过了物联网实验实训设备验证，该硬件平台是由苏州创彦物联网科技有限公司研制的实验实训平台。通过本书的学习，学生可以快速掌握物联网传感器数据采集和控制应用操作方法，并能提升物联网可视化应用软件设计与开发水平。

由于编者水平有限，加上物联网技术发展日新月异，书中难免存在不足和疏漏之处，敬请广大读者批评指正。

编者
2018 年 9 月

C 目录
CONTENTS

项目 1
认识物联网

📢 项目情境

清晨起来，卧室内缓缓响起你最喜欢的音乐，随后窗帘拉开，清晨的第一缕阳光将你自然唤醒，物联网智能家居系统伴您开启全新的一天。当早餐吃完之后，该上班了，一个按键即可关闭灯光和电器，窗帘全部合上，同时安防系统自动开启，简单、省时！工作一天到家后，门厅灯感应开启，关闭安防，感受适宜的温湿度，以及干净清新的空气，听着舒缓的背景音乐，客厅电动窗帘缓缓拉开，夜色美景尽在眼前。晚饭时间到了，就餐灯光效果启动，背景音乐开启，触摸屏就能让您完全掌控家中的娱乐系统。睡觉时间到了，轻按"睡眠"场景键，灯光调节到合适的亮度，全部电器关闭，窗帘缓缓合上，户外防区启动，开始您的美梦时刻。

智能家居系统带来的如此智能惬意的生活，让我们处处感受物联网与我们的日常生活息息相关。不仅如此，还有智能交通、智慧农业以及智能医疗等应用。本项目让我们一起认识物联网系统、物联网特征、物联网组成以及物联网应用。

🔍 学习目标

1. 知识目标
- 了解物联网定义
- 了解物联网特征
- 了解物联网组成

2. 技能目标
- 能正确画出物联网三层体系结构图
- 能举例物联网在日常生活中的应用

任务 1.1　走进物联网世界

1.1.1　任务描述

物联网是继计算机、互联网与移动通信网之后的世界信息产业第三次浪潮。它将让我们的生活变得更加舒适。本任务是对物联网的来源、物联网的定义、物联网与互联网的区别以及物联网发展历程进行一个深入细致的了解。

1.1.2　任务分析

1. 物联网的来源
- 物联网的实践最早可以追溯到 1990 年施乐公司的网络可乐贩售机 —— Networked Coke Machine。
- 1991 年美国麻省理工学院（MIT）的 Kevin Ash-ton 教授首次提出物联网的概念。

- 1995 年比尔·盖茨在《未来之路》一书中曾提及物联网，但未引起广泛重视。
- 1999 年美国麻省理工学院建立了"自动识别（Auto-ID）中心"，提出"万物皆可通过网络互联"，阐明了物联网的基本含义。早期的物联网是依托射频识别（RFID）技术的物流网络，随着技术和应用的发展，物联网的内涵已经发生了较大变化。
- 1999 年，美国麻省理工学院 Auto-ID 实验室提出物联网概念，即把所有物品通过射频等信息传感设备与互联网连接起来，实现智能化识别和管理。
- 2004 年日本总务省提出的 u-Japan 构想中，希望 2010 年将日本建设成一个"Anytime, Anywhere, Anything, Anyone"都可以上网的环境。同年，韩国政府制定了 u-Korea 战略，韩国信通部发布的《数字时代的人本主义：IT839 战略》以具体呼应 u-Korea。
- 2005 年 11 月 1 日，在突尼斯举行的信息社会世界峰会（WSIS）上，国际电信联盟（ITU）发布了《ITU 互联网报告 2005：物联网》，报告指出，无所不在的"物联网"通信时代即将来临，世界上一切的物体，从轮胎到牙刷、从房屋到纸巾都可以通过因特网主动进行交换。射频识别技术、传感器技术、纳米技术、智能嵌入式技术将得到更加广泛的应用。
- 2008 年 11 月，IBM 提出"智慧的地球"概念，即"互联网 + 物联网 = 智慧地球"，以此作为经济振兴战略。
- 2009 年 6 月，欧盟委员会提出针对物联网行动方案，方案明确表示在技术层面将给予大量资金支持，在政府管理层面将提出与现有法规相适应的网络监管方案。
- 2009 年 8 月，温家宝总理（时任）在无锡微纳物联网工程技术研究中心视察并发表重要讲话，表示中国要抓住机遇，大力发展物联网技术。
- 2010 年，物联网被正式列为我国五大新兴战略性产业之一，写入了《政府工作报告》。

2. 物联网的定义

早在 1995 年，比尔·盖茨在《未来之路》一书中就已经提及物联网。但是，"物联网"这一概念的真正提出是在 1999 年，由麻省理工学院的自动识别中心提出，被定义为：把所有物品通过射频识别等信息传感设备与互联网连接起来，实现智能化识别和管理。那究竟什么是物联网呢？简单地说，物联网的主体是物，核心是网络，物与物之间通过连接网络进行信息传输和数据处理，如图 1-1 所示。

欧盟的定义：将现有的互联的计算机网络扩展到互联的物品网络。

国际电信联盟（ITU) 的定义：物联网主要解决物品到物品（T2T）、人到物品（H2T）、人到人（H2H）之间的互连。

现在较为普遍的理解是，物联网是将各种信息传感设备，如射频识别（RFID）、传感器、全球定位系统（GPS 等）、摄像机、激光扫描器，和各种通信手段，如有线、无线、长距、短距，按约定的协议，实现人与人、人与物、物与物在任何时间、任何地点的连接，从而进行信息交换和通信，以实现智能化识别、定位、跟踪、监控和管理的庞大网络系统。物联网定义模型如图 1-2 所示。

图 1-1　物联网之间的关联

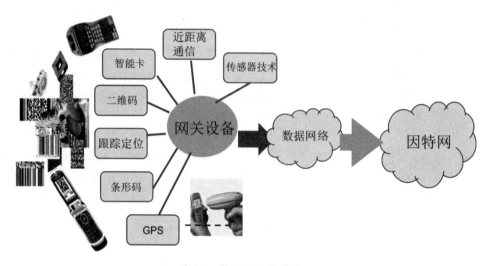

图 1-2　物联网定义模型

从上述物联网的定义，能够清楚地知道物联网的数据信息从采集到处理可以通过感知、传输到处理三个步骤进行，如图 1-3 所示。

（1）全面感知。利用 RFID、传感器、二维码等随时随地获取物体的信息，比如装载在高层建筑、桥梁上的监测设备；人体携带的心跳、血压、脉搏等监测医疗设备；商场货架上的电子标签。

（2）可靠传输。通过各种电信网络与互联网的融合，将物体的信息实时、准确地传递出去。

（3）智能处理。利用云计算、模糊识别等各种智能计算技术，对海量的数据和信息进行分析和处理，对物体实施智能化的控制。

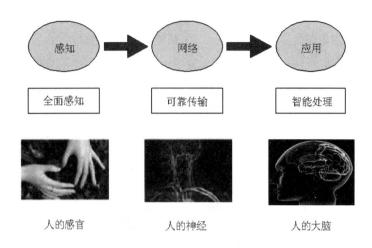

图 1-3　物联网的数据信息处理流程

任务 1.2　认识物联网系统组成

1.2.1　任务描述

身处一个物联网快速发展的时代，我们了解了物联网的由来以及明确物联网定义之后，接着对物联网和互联网区别特点、物联网系统的组成以及物联网的关键技术进行深入细致的了解。

1.2.2　任务分析

1. 物联网和互联网的相互比较

（1）物联网和互联网的概念。

- 互联网：人们想要在互联网上了解某样信息，需要有人去收集这个相关信息，并上传到互联网上，才可供人们浏览。人在其中需要做大量工作，并难以动态地了解其变化。

- 物联网：物联网的英文名称是 Internet of Things，即"物物相连的网络"。它是在"互联网"的基础上，将其用户端延伸和扩展到任何物品，并在物品之间进行信息交换和通信的一种网络概念。

（2）互联网是物联网的基础。互联网和物联网的不同之处可以从主要作用来区别：互联网的产生是为了人通过网络交换信息，其服务的主体是人；物联网是为物而生，主要为了管理物，让物自主地交换信息，间接服务于人。因此，物联网的真正实现必然比互联网的实现更难。另外，从信息的进化上讲，从人的互联到物的互联，是一种自然的演进，本质上互联网和物联网都是人类智慧的物化而已，人的智慧对自然界的影响才是信息化进程本质的原因。

物联网比互联网技术更复杂、产业辐射面更宽、应用范围更广，对经济社会发展的带动力和影响力更强，如图1-4所示。在技术现状上，物联网涉及的技术种类包括无线技术、互联网、智能芯片技术、软件技术，几乎涵盖了信息通信技术的所有领域。物联网目前更多地依赖于"无线网络"技术，各种短距离和长距离的无线通信技术采用智能计算技术对信息进行分析处理，从而提升对物质世界的感知能力，实现智能化的决策和控制。如果没有互联网作为物联网的基础，那么物联网就只是一个概念而已。互联网着重信息的互联互通和共享，解决的是人与人的信息沟通问题。这样就为人与人、人与物、物与物的相连，解决了信息化的智能管理和决策控制问题。

图 1-4 物联网产业辐射面

（3）互联网和物联网终端连接方式不同。互联网用户通过端系统的服务器、台式机、笔记本和移动终端访问互联网资源，发送或接收电子邮件，阅读新闻，写博客或读博客，通过网络电话通信，在网上买卖股票，预定机票、酒店。而物联网中的传感器节点需要通过无线传感器网络的汇聚节点接入互联网，RFID芯片通过读写器与控制主机连接，再通过控制节点的主机接入互联网。因此，由于互联网与物联网的应用系统不同，所以接入方式也不同。物联网应用系统将根据需要选择无线传感器网络或RFID应用系统接入互联网。互联网需要人自己来操作才能得到相应的资料，而物联网数据是由传感器或者是RFID读写器自动读出的。

2. 物联网的体系结构

物联网的价值在于让物体也拥有了"智慧"，从而实现人与物、物与物之间的沟通。物联网的特征在于感知、互联和智能的叠加。因此，物联网由三个部分组成：感知部分，即以二维码、RFID、传感器为主，实现对"物"的识别；传输网络，即通过现有的互联网、广电网络、通信网络等实现数据的传输；智能处理，即利用云计算、数据挖掘、中间件等技术实现对物品的自动控制与智能管理等。

目前在业界，物联网体系架构也大致被公认为这三个层次，底层是用来感知数据的感知层，第二层是数据传输的网络层，最上面则是内容应用层，如图 1-5 所示。

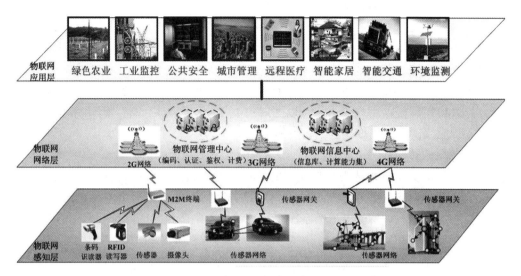

图 1-5 物联网体系架构

（1）物联网感知层关键技术。

● 传感器技术：同计算机技术与通信技术一起被称为信息技术的三大技术。从仿生学观点来看，如果把计算机看成处理和识别信息的"大脑"，把通信系统看成传递信息的"神经系统"的话，那么传感器就是"感觉器官"。微型无线传感技术以及以此组成的传感网是物联网感知层的重要技术手段。

● 射频识别（Radio Frequency Identification，RFID）技术：是通过无线电信号识别特定目标并读写相关数据的无线通讯技术。RFID 技术市场应用成熟，标签成本低廉，但 RFID 一般不具备数据采集功能，多用来进行物品的甄别和属性的存储，且在金属和液体环境下应用受限，RFID 技术属于物联网的信息采集层技术。

● GPS（Global Position System）技术：又称为全球定位系统，是具有海、陆、空全方位实时三维导航与定位能力的新一代卫星导航与定位系统。GPS 作为移动感知技术，是物联网延伸到移动物体采集移动物体信息的重要技术，更是物流智能化、智能交通的重要技术。

（2）物联网网络层关键技术。

● 无线传感器网络（Wireless Sensor Network，WSN）：基本功能是将一系列空间分散的传感器单元通过自组织的 Zigbee 无线网络进行连接，从而将各自采集的数据通过无线网络进行传输汇总，以实现对空间分散范围内的物理或环境状况的协作监控，并根据这些信息进行相应的分析和处。

● Wi-Fi（Wireless-Fidelity，无线保真技术）：一种基于接入点（Access Point）的无线网络结构，目前已有一定规模的布设，在部分应用中与传感器相结合。Wi-Fi 技术属于物联网的信息汇总层技术。

● GPRS（General Packet Radio Service，通用分组无线服务）：一种基于 GSM 移动通信网络的数据服务技术。GPRS 技术可以充分利用现有的 GSM 网络，目前在很多领域有广泛应用，在物联网领域也有部分应用。GPRS 技术属于物联网的信息汇总层技术。

（3）物联网应用层关键技术。

应用层包括各类用户界面显示设备以及其他管理设备等，这也是物联网体系结构的最高层。应用层根据用户的需求可以面向各类行业实际应用的管理平台和运行平台，并根据各种应用的特点集成相关的内容服务，具体如下：

● 对象的智能标签：通过二维码、RFID 等技术标识特定的对象，用于区分对象个体，例如在生活中我们使用的各种智能卡和条码标签，其基本用途就是用来获得对象的识别信息；此外，通过智能标签还可以获得对象物品所包含的扩展信息，如智能卡上的金额余额，二维码中所包含的网址和名称等。

● 环境监控和对象跟踪：利用多种类型的传感器和分布广泛的传感器网络，实现对某个对象的实时状态的获取和特定对象行为的监控。例如使用分布在市区的各个噪声探头监测噪声污染；通过二氧化碳传感器监控大气中二氧化碳的浓度；通过 GPS 标签跟踪车辆位置，通过交通路口的摄像头捕捉实时交通流量等。

● 对象的智能控制：物联网基于云计算平台和智能网络，可以依据传感器网络获取的数据进行决策，改变对象的行为，或进行控制和反馈。例如根据光线的强弱调整路灯的亮度，根据车辆的流量自动调整红绿灯的时间间隔等。

任务 1.3　感知物联网应用

1.3.1　任务描述

随着现代科学技术的迅速发展，物联网已在各个领域发挥着举足轻重的作用，物联网的使用标志着一个国家科学技术的进步。本任务主要了解物联网技术在各个领域中的应用。

1.3.2　任务分析

1. 物联网在工业领域中的应用

工业是物联网应用的重要领域，如图 1-6 所示，对于具有环境感知能力的各类终端借助无线通信等技术可大幅提高制造效率，改善产品质量，降低产品成本和资源消耗，将传统工业提升到智能工业的新阶段。从当前技术发展和应用前景来看，物联网在工业领域的应用主要集中在以下几个方面。

（1）制造业供应链智能化管理。

（2）生产过程工艺智能化管理。

（3）产品设备监控智能化管理。

（4）环保监测及能源智能化管理。

（5）工业安全生产智能化管理。

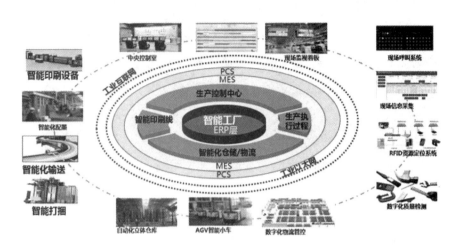

图 1-6　智能工厂

2. 物联网在农业领域的应用

物联网在农业领域的应用是通过各种传感器实时采集温湿度数据以及光照、土壤温度、CO浓度、叶面湿度、露点温度等环境参数，根据用户需求对环境进行自动控制和智能化远程管理，如图 1-7 所示，例如智能农业中的智能粮库系统，它通过将粮库内温湿度变化的感知与计算机或智能手机连接进行实时观察，记录现场情况以保证粮库内的温湿度平衡。

物联网在农业领域具有广泛的应用前景主要有以下三点：

（1）无线传感器网络应用于温室环境信息采集和控制。

（2）无线传感器网络应用于节水灌溉。

（3）无线传感器网络应用于环境信息和动植物信息监测。

3. 物联网在智能电网领域的应用

电力工业是现代经济发展和社会进步的基础和重要保障，将物联网技术应用于智能电网，对电力工业应用物联网技术形成一种新型的智能电网，是信息技术发展到一定阶段的必然结果。如图 1-8 所示，它将通信基础设施资源和电力系统基础设施资源进行整合，为电网发电、输电、变电、配电以及用电等环节提供了重要的技术支撑，有效提升了电网信息化、自动化、互动化水平，提高了电网运行能力和服务质量。智能电网和物联网的发展，不仅能促进电力工业的结构转型和产业升级，更能够创造一大批原创的具有国际领先水平的科研成果，打造千亿元的产业规模。

图 1-7　智慧大棚

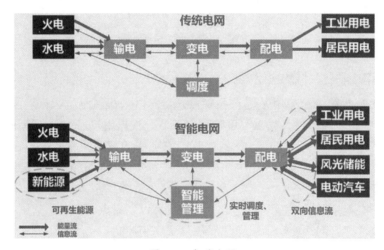

图 1-8　智能电网

4．物联网在医疗领域的应用

智能医疗系统借助简易实用的家庭医疗传感设备，对家中病人或老人的生理指标进行自测，并将生成的生理指标数据通过宽带网络或 3G 无线网络传送到护理人或有关医疗单位。这样可以准确掌握病人病情，提高诊断的准确性，方便医生对病人的情况进行有效跟踪，提升医疗服务质量。同时通过传感器终端延伸，可以有效提高医院包括药品和医疗器械在内的医疗资源管理和共享，从而达到医院医疗资源的有效整合，提升了医院服务效能，如图 1-9 所示。

5．物联网在智能交通领域的应用

智能交通是将物联网系统与交通管理业务进行结合，利用先进的传感、通信以及数据处理等技术，构建一个安全、畅通和环保的交通运输系统，如图 1-10 所示。

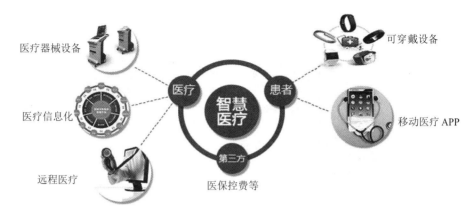

图 1-9　智慧医疗

　　智能交通系统包括公交行业无线视频监控平台、智能公交站台、电子票务、车管专家和公交手机一卡通五种业务。公交行业无线视频监控平台利用车载设备的无线视频监控和 GPS 定位功能，对公交运行状态进行实时监控。智能公交站台通过媒体发布中心与电子站牌的数据交互，实现公交调度信息数据的发布和多媒体数据的发布功能，还可以利用电子站牌实现广告发布等功能。电子门票是二维码应用于手机凭证业务的典型应用，从技术实现的角度，手机凭证业务是以手机为平台、以手机背后的移动网络为媒介，通过特定的技术实现凭证功能。公交手机一卡通将手机终端作为城市公交一卡通的介质，除完成公交刷卡功能外，还可以实现小额支付、空中充值等功能。

图 1-10　智能交通

6. 物联网在物流领域的应用

　　物联网技术最早应用于物流与供应链行业，它使用 RFID 射频技术对仓储、物品运输管理和物流配送等物流核心环节进行实时跟踪、智能采集、传输以及处理等，提高了管理效率，降低了物流成本。

　　智能物流打造了集信息展现、电子商务、物流配载、仓储管理、金融质押、园区安保、海关保税等功能为一体的物流园区综合信息服务平台。智能物流以功能集成、效能综合为主要开发理念，以电子商务、网上交易为主要交易形式，建设了高标准、高品位的综合信息服务平台，如图 1-11 所示。

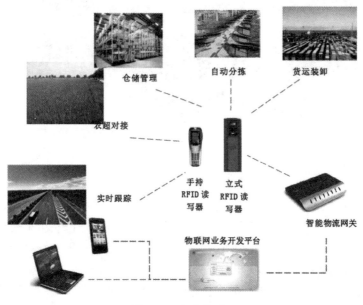

图 1-11　智能物流

7．物联网在智能家居领域的应用

智能家居是一个居住环境，是以住宅为平台安装智能家居系统的居住环境，实施智能家居系统的过程就称为智能家居集成。如图 1-12 所示，它将各种家庭设备（如音视频设备、照明系统、窗帘控制、空调控制、安防系统、数字影院系统、网络家电等）通过程序设置，利用宽带、固话和无线网络，可以实现对家庭设备的远程操控。与普通家居相比，智能家居不仅能够提供舒适宜人且高品位的家庭生活空间，而且能够实现更智能化的家庭控制管理。

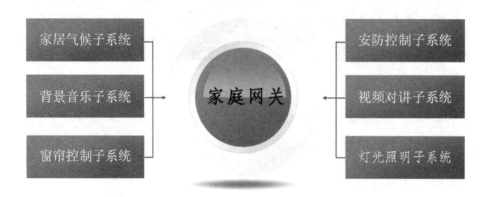

图 1-12　智能家居系统组成

思考与练习

一、填空题

1. 物联网的主体是 _____，核心是 _____，物与物之间通过连接网络进行 _____ 和 _____。

2. 国际电信联盟（ITU）的定义：物联网主要解决 _____ 到 _____，_____ 到 _____，_____ 到 _____ 之间的互连。

3. 物联网的数据信息采集到处理可以通过 _____、_____ 到 _____ 三个步骤进行。

4. 物联网体系架构大致为三个层次，底层是 _____，第二层是 _____，最上面则是 _____。

5. 物联网感知层关键技术为 _____ 技术、_____ 技术以及 _____ 技术。

6. 物联网网络层关键技术为 _____ 技术、_____ 技术以及 _____ 技术。

二、简答题

1. 简述物联网普遍定义。
2. 简述物联网和互联网之间的区别和联系。
3. 简述物联网在工业领域的主要应用。
4. 简述物联网在农业领域的应用特点。

三、举例说明

1. 列举一些我们周围生活中的物联网应用场景，并针对特定场景根据自己的理解，讲出物联网的实际应用意义。

2. 根据本章内容，构想一下未来智能化家庭为我们生活带来的便利。

项目 2
温湿度采集风扇控制应用

📡 项目情境

在日常生活中，人们追求高品质的舒适生活，对于所处环境的要求进一步提高。为了追求更加舒适的生活环境，人们对于各自的生活环境也有了更高的要求，其中温度和湿度对我们的生活有着很大的影响。有一种传感器不仅能测量温度，而且还能测量湿度，那就是温湿度传感器。市面的数显电子钟、家用加湿机、温湿度计等产品都加装了温湿度传感器，以达到随时控制室内温湿度的效果，使生活的环境更加舒适。下面就一起来学着如何使用它，让它为您的生活带来方便。

🔍 学习目标

1. 知识目标

● 了解温湿度传感器的定义、组成及分类
● 了解温湿度传感器在物联网系统中的应用
● 掌握日常生活中一些温湿度传感器的使用
● 了解温湿度传感器的发展方向

2. 技能目标

● 能根据应用场景，合理选择温湿度传感器
● 能学会温湿度传感器数据采集
● 能利用温湿度传感器的数据对风扇进行联动控制
● 能使用 HMI Uart 开发平台进行相关软件的简单开发

任务 2.1　温湿度传感器数据采集

2.1.1　任务描述

无论在炎热夏天或是寒冷的冬天中，我们都会经常乘坐公共汽车，在车厢中，细心的人们一定会发现，我们的公交车中的 LED 屏会显示车厢内的当前的温度和湿度。这其实是车辆的行车仪器中安装了温湿度传感器，通过实时采集车厢内的温湿度环境信息，显示在 LED 屏中，如图 2-1 所示。

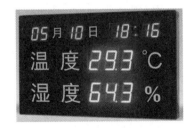

图 2-1　LED 显示温湿度值

2.1.2 任务分析

在本次实验中,我们将通过物联网多功能教学演示仪接入的温湿度传感器(如图 2-2 所示),对实训室的周边环境参数(温度、湿度等)进行采集,并通过计算机的串口连接,将实时采集到的数据显示到温湿度采集程序中的窗体界面上。

图 2-2 温湿度传感器

2.1.3 操作方法与步骤

(1) 打开物联网设备电源,将 USB 线缆一端插入到如图 2-3 所示的 USB 接口中,另一端接入到 PC 端 USB 接口中。

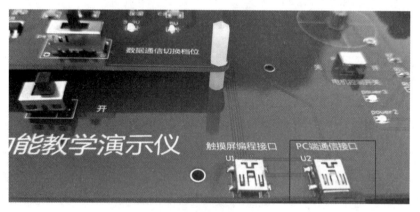

图 2-3 USB 线缆接入设备 USB 口

(2) 在 PC 端中,右击"我的电脑",出现下拉菜单,选择"设备管理器",如图 2-4 所示。

(3) 打开"设备管理器",找到"端口(COM 和 LPT)"选项,展开选项之后,出现如图 2-5 所示的设备串口,这里为 USB-SERIAL CH340(COM1),串口名称为 COM1。

(4) 将功能开关档位切换到 PC 端档之后,可以通过 PC 机对物联网设备进行数据采集和控制,如图 2-6 所示。

图 2-4 PC 端设备管理器

图 2-5 获取设备串口名称

图 2-6 设备端与 PC 通信的档位

（5）在 PC 端双击温湿度采集软件，运行温湿度采集程序，主界面如图 2-7 所示。

图 2-7　运行温湿度采集程序

（6）根据前面所显示的串口名称，这里选择串口 COM1，点击"打开串口"按钮，这时运行界面上显示当前的温度和湿度数据，如图 2-8 所示。

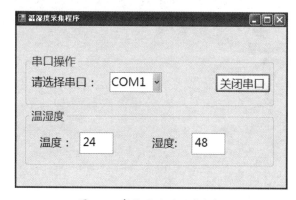

图 2-8　窗体显示温湿度数据

🔗 知识链接

（1）温湿度传感器简介。DHT11 数字温湿度传感器是一款含有已校准数字信号输出的温湿度复合传感器，它应用专用的数字模块采集技术和温湿度传感技术，确保产品具有极高的可靠性和卓越的长期稳定性。该产品具有品质卓越、超快响应、抗干扰能力强、性价比极高等优点。单线制串行接口，使系统集成变得简易快捷。超小的体积、极低的功耗，信号传输距离可达 20m 以上，使其成为给类应用甚至最为苛刻的应用场合的最佳选择。产品为 4 针单排引脚封装，连接方便，如图 2-9 所示。

（2）温湿度传感器技术参数。

供电电压：3.3 ～ 5.5V DC ;

输出：单总线数字信号 ;

测量范围：湿度 20% ～ 90%RH，温度 0 ～ 50℃ ;

测量精度：湿度 ±5%RH，温度 ±2℃ ;

分辨率：湿度 1%RH，温度 1℃ ;

长期稳定性：小于 ±1%RH/ 年。

（3）实验相关电路图如图 2-10 所示。

图 2-9　DHT11 温湿度传感器

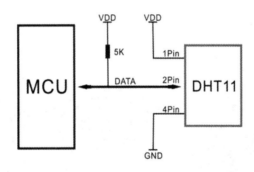

图 2-10　温湿度传感器连接电路

任务 2.2　温湿度采集和风扇控制应用

2.2.1　任务描述

目前，家庭中的挂壁空调或者中央空调系统，不仅可以通过温湿度传感器采集当前环境实时数据，同时也可以根据设定的温湿度，自动对家庭环境的通风系统进行调节，从而达到适合人体的温湿度，以提高家居环境的舒适度，提高人们的生活品质，如图 2-11 所示。

2.2.2　任务分析

在本次实验任务中，将利用计算机和物联网多功能教学演示仪进行通信，实时采集当前环境温湿度数据，并且根据采集到的温度和湿度数据和设定的阈值进行比较，以便自动对风扇开或者关进行控制。

项目 2

图 2-11　智能家居温湿度控制场景

2.2.3　操作方法与步骤

（1）打开物联网设备电源，将 USB 线缆一端插入到如图所示的 USB 接口中，另一端接入到 PC 端 USB 接口中，如图 2-12 所示。

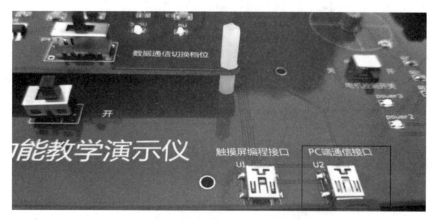

图 2-12　USB 线缆接入设备 USB 口

（2）在 PC 端中，右击"我的电脑"，出现下拉菜单，选择"设备管理器"，如图 2-13 所示。

（3）打开"设备管理器"，找到"端口（COM 和 LPT）"选项，展开选项之后，出现如图 2-14 所示的设备串口，这里为 USB-SERIAL CH340（COM1），串口名称为 COM1。

（4）将功能开关档位切换到 PC 端档之后，可以通过 PC 机对物联网设备进行数据采集和控制，如图 2-15 所示。

图 2-13 PC 端设备管理器

图 2-14 获取设备串口名称

图 2-15 设备端与 PC 通信的档位

（5）在 PC 端双击温湿度采集控制软件，运行温湿度采集风扇控制程序，主界面如图 2-16 所示。

图 2-16　运行温湿度采集风扇控制程序

（6）根据前面所显示的串口名称，这里选择串口 COM1，点击"打开串口"按钮，这时运行界面上显示当前的温度和湿度数据，如图 2-17 所示。

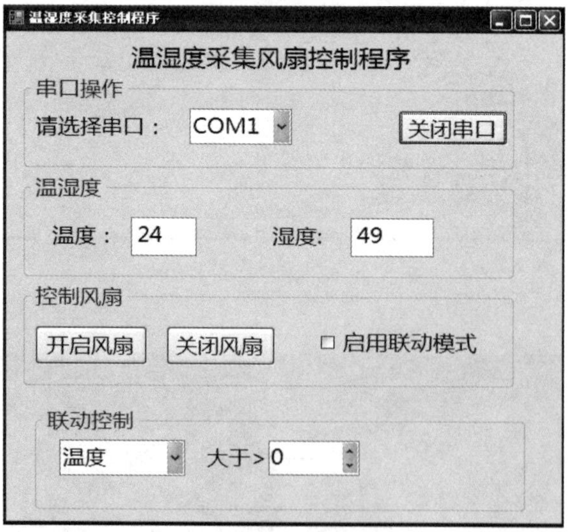

图 2-17　窗体显示温湿度

（7）当点击"开启风扇"按钮之后，物联网设备中的终端控制节点中的风扇开始转动，如图 2-18 所示。

（8）当点击"关闭风扇"按钮之后，物联网设备中的终端控制节点中的风扇停止转动，如图 2-19 所示。

图 2-18　控制风扇转动　　　　　　　　　　图 2-19　控制风扇停止

（9）在联动控制项中，选择温度进行比较，在"大于 >"组合框选择合适的阈值，这里选择 26℃，也就是说当前温度数值一旦大于 26℃时，立刻启动风扇转动，如果温度小于等于 26℃，立刻停止转动。点击"启动联动模式"选择项，开始启动联动模式，如 2-20 所示。

图 2-20　联动控制功能

任务 2.3　基于触摸屏实现风扇控制应用

2.3.1　任务背景

下班回家，进入家庭的客厅之后，希望能够通过墙面上的触摸屏面板操作界面，如图 2-21 所示，打开家庭的风扇或者空调，实现当前环境的温湿度调节，以缓解一天工作的疲劳，舒缓一天的工作压力。

图 2-21　触摸屏面板温湿度控制

2.3.2　任务分析

本章学习利用 USART HMI 可视化开发平台对物联网多功能教学演示仪上的触摸屏进行用户界面设计，并进行简单的功能代码开发，模拟家庭智能网关液晶屏控制功能，实现通过触摸屏操作界面对风扇的开启和停止控制操作。

2.3.3　操作方法与步骤

1. 创建 HMI 触摸屏动画程序工程项目

（1）左键点击 PC 机左下角"开始"按钮，选择"程序"→ USART HMI → USART HMI，如图 2-22 所示。

图 2-22　打开 USART HMI 开发平台

（2）打开 USART HMI 开发平台，在起始页的项目窗体界面上，选择菜单中的"文件"→"新建"，如图 2-23 所示。

（3）在"另存为"对话框中，按照项目路径保存新建项目名称，这里输入"HMI风扇控制程序"，点击"保存"按钮，如图 2-24 所示。

（4）当点击"保存"按钮之后，自动进入"设置"对话框，如图 2-25 所示。这里有设备类型选择和显示方向选择。根据实际的 HMI 串口屏的类型进行选择，这里选择 3.5寸屏的 TJC4832T035_011 选项。

图 2-23　选择"新建"选项

图 2-24　"另存为"对话框

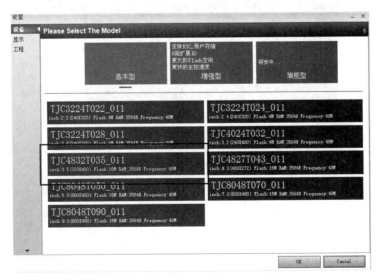

图 2-25　设置设备类型选项

（5）显示方向根据实际需要进行选择，这里选择90度横屏显示，如图2-26所示。选择完成之后，点击OK按钮，完成项目构建。

图 2-26　设置设备显示方向选项

2．项目图片添加

（1）在"触摸屏风扇控制程序"的项目路径下，新建文件夹名为"素材"，然后将所需的图片拷贝进"素材"文件夹中，如图2-27所示。

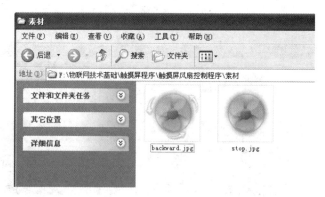

图 2-27　添加图片素材

（2）在HMI Uart开发平台左下方的图片和字库的切换按钮中，选择"图片"选项，进行图片添加，如图2-28所示。

（3）点击左边的"+"按钮，弹出"打开"对话框，如图2-29所示。在"触摸屏风扇空调控制程序"的项目路径下，找到"素材"文件夹，打开文件夹，选择所需要的图片，选择完成之后，点击"打开"按钮。

图 2-28　选择"图片"选项

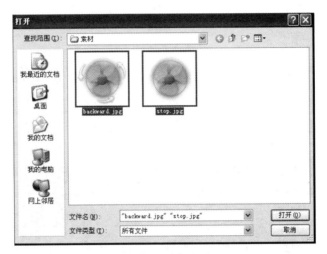

图 2-29　选择图片

（4）选择完成之后，在图片栏中可以显示上一步所添加的各种图片，并自动完成图片的编号，这里的编号可以在后面的控件属性中进行设定，如图 2-30 所示。

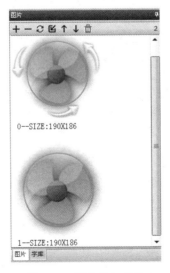

图 2-30　图片添加完成

3. 项目字库制作与添加

（1）在 HMI Uart 开发平台中，选择菜单中的"工具"→"字库制作"，如图 2-31 所示，进入"字库制作工具"对话框。

图 2-31　字库制作菜单选项

（2）在"字库制作工具"对话框中，选择字高为 32，编码为 gb2312，字体加粗，汉字可以选择宋体，字库名称为 ziti，点击"生成字库"按钮，如图 2-32 所示。

图 2-32　设置字库制作相关属性

（3）点击"生成字库"按钮，出现如图 2-33 所示的对话框，文件名为 ziti，点击"保存"按钮。

（4）点击"生成字库"按钮之后，开始生成字高为 32 的所有字库文件，如图 2-34 所示。

（5）当字库文件生成完成之后，显示所生成的字库文件大小，如图 2-35 所示。

图 2-33　保存字库文件

图 2-34　生成字高为 32 的字库文件

图 2-35　生成的字库文件大小

（6）完成之后，出现"提示"对话框，如图 2-36 所示，这里点击"是"按钮。

图 2-36　"提示"对话框

（7）完成字库添加之后，在字库栏中显示上一步新建的字库内容，如图 2-37 所示。

4．项目界面设计

（1）为了能在页面中显示背景颜色，这里选择页面 page0，在属性栏中将 sta 属性设置为单色选项值，如图 2-38 所示。

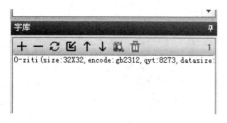

图 2-37　字库添加完成

图 2-38　页面背景 sta 属性设置

（2）从 HMI Uart 开发平台工具箱中选择文本控件，然后在属性栏中将 txt-maxl 属性设置为 20，txt 属性设置为"风扇控制程序"，宽度 w 和高度 h 分别设置为 300 和 50，如图 2-39 所示。

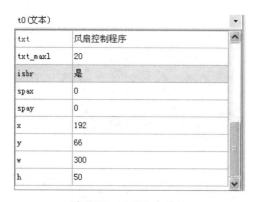

图 2-39　设置文本属性

（3）文本控件属性设置成完成之后，出现如图 2-40 所示的页面效果。

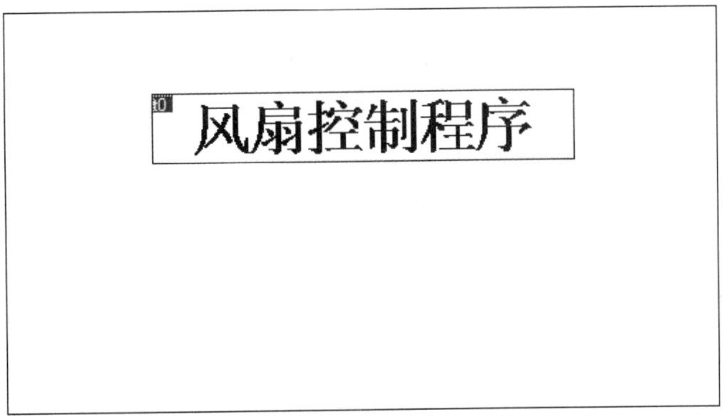

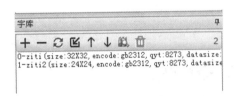

图 2-40　页面字高为 32 的文本效果

（4）按照前面添加字库的方法，添加字高为 24 的字库字体，如图 2-41 所示。

图 2-41　添加字高为 24 字库字体

（5）从 HMI Uart 开发平台工具箱中选择一个文本控件，然后在属性栏中将 font 属性设置为 1，表示选择字高为 24 的字库字体，txt 属性设置为 "风扇开"，如图 2-42 所示。

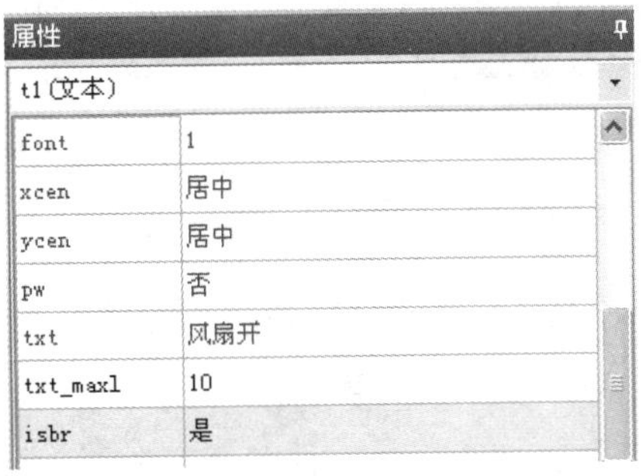

图 2-42　设置字库和文本属性

（6）文本控件属性设置完成之后，出现如图 2-43 所示的页面效果。

（7）在 HMI Uart 开发平台工具箱中点击一次双态按钮控件，添加一个双态按钮控件进入页面，在属性栏中将 sta 属性改为图片，如图 2-44 所示。

（8）双击 pic0 属性之后，出现如图 2-45 所示的 "图片选择" 对话框，可以进行图片的选择。

图 2-43　设置字库和文本属性

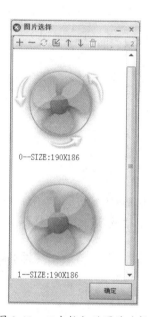

图 2-44　双态按钮 sta 属性设置　　　　　图 2-45　双态按钮的图片选择

（9）这里选择图片编号 1，代表当前风扇状态是停止状态，同理双击 pic1 属性，设置图片编号为 0，代表风扇状态是运行状态，如图 2-46 所示。

图 2-46　双态按钮图片选择

（10）完成之后，再将双态按钮的 txt 属性设置为空，最后界面显示如图 2-47 所示的效果。

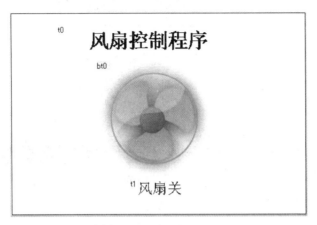

图 2-47　页面整体布局

5. 项目功能实现

（1）风扇控制功能实现。选择双态按钮之后，在"弹起事件"栏中填写如下代码，如图 2-48 所示。

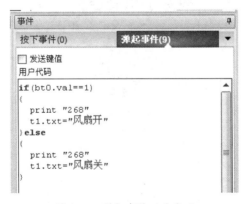

图 2-48　弹起事件功能代码

具体事件代码如下：

```
if(bt0.val==1)
{
 print "268"
 t1.txt=" 风扇开 "
}else
{
 print "268"
 t1.txt=" 风扇关 "
}
```

（2）代码编写完成之后，点击编译按钮，如果编译正确，显示如图 2-49 所示信息。

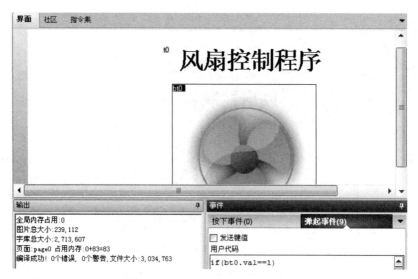

图 2-49　风扇控制程序编译成功

（3）点击"调试"按钮，这时在 PC 端模拟运行风扇控制程序，点击风扇图片按钮可以模拟风扇运行状态，如图 2-50 所示。

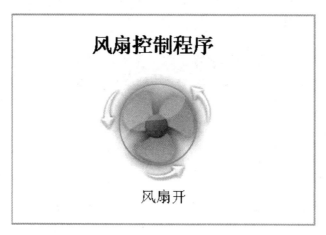

图 2-50　PC 端模拟运行风扇控制程序

6．项目下载至触摸屏中

（1）打开物联网设备电源，将 USB 线缆一端插入到如图 2-51 所示的触摸屏 USB 编程接口中，另一端接入到 PC 端 USB 接口中。

（2）在 PC 端中，右击"我的电脑"，出现下拉菜单，选择"设备管理器"，如图 2-52 所示。

（3）打开"设备管理器"，找到"端口（COM 和 LPT）"选项，展开选项之后，出现如图 2-53 所示的设备串口，这里为 USB-SERIAL CH340（COM1），串口名称为 COM1。

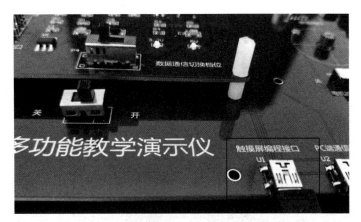

图 2-51　USB 线缆接入设备触摸屏 USB 口

图 2-52　打开 PC 端设备管理器

图 2-53　获取设备串口名称

（4）将功能开关档位切换到触摸屏端档之后，可以将 PC 端的触摸屏程序下载至物联网设备的触摸屏中，如图 2-54 所示。

图 2-54　设备端与 PC 端通信档位

（5）点击 HMI 开发平台中的"下载"选项，能够将 PC 端触摸屏程序下载至物联网平台的触摸屏中，如图 2-55 所示。

图 2-55　点击程序下载选项

（6）点击"下载"选项之后，出现如图 2-56 所示的对话框信息，表示 PC 机和触摸屏连接成功，开始下载程序。

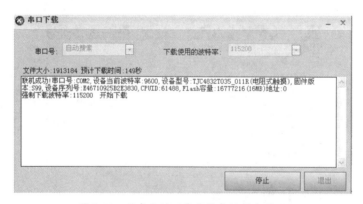

图 2-56　程序开始下载至设备端信息提示

（7）当显示如图 2-57 所示对话框信息时，表示程序成功下载至触摸屏端。

图 2-57　程序下载完成信息提示

（8）程序运行之后，点击触摸屏上的图片按钮，如图 2-58 所示，这时可以控制风扇的转动和停止。

图 2-58　设备端触摸屏运行界面

思考与练习

一、简答题

1. 简述 DHT11 温湿度传感器的定义。

2．简述 DHT11 温湿度传感器的特点。

二、举例说明

1．列举一些其他类型的温湿度传感器及应用领域。

2．除了本文所阐述的温湿度传感器与风扇进行联动控制外，列举一些我们周围生活中的温湿度传感器应用场景，并针对特定场景根据自己的理解，讲出温湿度传感器的实际应用意义。

三、编程题

请根据自己对任务 2.3 的编程理解，将基于触摸屏的风扇控制程序换一种界面设计方式，重新实现风扇控制功能。

项目 3
光照度采集步进电机控制应用

项目情境

对于司机来说,白天行车时,从光线充足的地面一下子进入到光线昏暗的地下隧道,会发生视觉暂盲的现象,如图 3-1 所示,这时会大大增加发生危险的概率。一些高档汽车制造商会在车灯前安装一个光照度传感器,当车辆进入光线较暗的区域后,会由行车电脑自动打开车辆的前后车灯。这样可以方便司机看清前方车辆,同时提醒后方车辆注意保持车距,这就是光照度传感器的典型应用。

图 3-1　汽车进入隧道

学习目标

1. 知识目标

● 了解光照度传感器的定义、组成及分类

● 了解光照度传感器在物联网系统中的应用

● 掌握日常生活中一些光照度传感器的使用

● 了解光照度传感器的发展方向

2. 技能目标

● 能根据应用场景,合理选择光照度传感器

● 能学会光照度传感器数据采集

● 能够掌握光照度传感器与步进电机的联动控制

任务 3.1　　光照度传感器数据采集

3.1.1　任务描述

为了营造一个宜居的居家环境,需要实时采集当前环境下的光照强度,通常可以通

过在窗口位置安装一个光照传感器，让它实时、自动采集当前环境下的光照强度信息。

3.1.2　任务分析

在本次实验中，物联网多功能教学演示仪上安装了一个光照度传感器模块，如图 3-2 所示。通过运行 PC 端的光照度采集程序，可以对周边环境的光照度数据进行采集，并将采集到的光照信息在光照度应用程序界面中显示出来。

图 3-2　光照传感器

3.1.3　操作方法与步骤

（1）打开物联网设备电源，将 USB 线缆一端插入到如图 3-3 所示的 USB 接口中，另一端接入到 PC 端 USB 接口中。

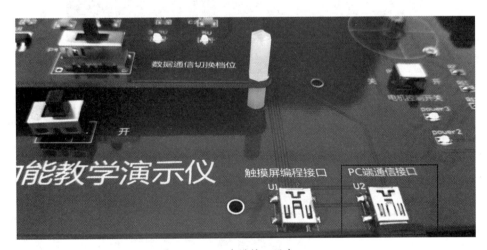

图 3-3　USB 线缆接入设备 USB 口

（2）在 PC 端中，右击"我的电脑"，出现下拉菜单，选择"设备管理器"，如图 3-4 所示。

（3）打开"设备管理器"，找到"端口（COM 和 LPT）"选项，展开选项之后，出现如图 3-5 所示的设备串口，这里为 USB-SERIAL CH340（COM1），串口名称为 COM1。

（6）根据前面所显示的串口名称，这里选择串口 COM1，点击"打开串口"按钮，这时运行界面上显示当前光照度信息。如果当前环境比较黑暗，则显示无光照，并且显示代表光线较弱的图片，如图 3-8 所示。

图 3-8　窗体显示无光照信息

（7）如果当前环境比较明亮，则显示有光照，并且显示代表光线较强的图片，如图 3-9 所示。

图 3-9　窗体显示有光照信息

知识链接

（1）光照度传感器简介。

光敏电阻属于半导体光敏器件，如图 3-10 所示，除具有灵敏度高、反应速度快、光谱特性及 r 值一致性好等特点外，在高温、多湿的恶劣环境下，还能保持高度的稳定性和可靠性，可广泛应用于照相机、自动行车灯、太阳能庭院灯、草坪灯、验钞机、石英钟、音乐杯、礼品盒、迷你小夜灯、光声控开关、路灯自动开关以及各种光控玩具、光控灯饰和灯具等光自动开关控制领域。

图 3-10　光敏电阻

（2）光照度传感器技术参数和特性。

1）按照光敏电阻的光谱特性分，有三种光敏电阻：紫外线光敏电阻、红外线光敏电阻、可见光光敏电阻。

2）光敏电阻在一定的外加电压下，当没有光照射的时候，流过的电流称为暗电流。外加电压与暗电流之比称为暗电阻。

3）灵敏度。灵敏度是指光敏电阻不受光照射时的电阻值（暗电阻）与受光照射时的电阻值（亮电阻）的相对变化值。

4）温度系数。光敏电阻的光电效应受温度影响较大，部分光敏电阻在低温下的灵敏度较高，而在高温下的灵敏度较低。

（3）实验相关电路图如图 3-11 所示。

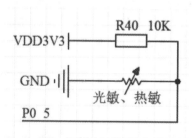

图 3-11　光敏电阻电路连接

任务 3.2　光照度检测和步进电机控制应用

3.2.1　任务描述

为了营造一个舒适的智能家居环境，早上七点左右拉开窗帘，让阳光进入房间，主人能在早上阳光的照射下，迎接一天的生活，同时起到早上提醒主人起床的作用。而晚上七点左右关闭窗帘，能让主人一回到家就会感到温馨与舒适。一般通过在窗口位置安装一个光照传感器，让它来自动采集光照强度参数，通过光照强度的变化来自动控制家中的步进电机（模拟电动窗帘马达）正转和反转，让主人拥有一个良好的睡眠环境，如图 3-12 所示。

图 3-12　光照控制窗帘开启

3.2.2　任务分析

在本次实验中，物联网多功能教学演示仪上安装了一个光照度传感器模块和一个步进电机控制模块，如图 3-13 所示。通过运行 PC 端的光照度检测和步进电机控制程序，可以对周边环境的光照度数据进行采集，并将采集到的光照信息根据条件进行判断，从而实现自动控制步进电机（模拟电动窗帘马达）的正转、反转。

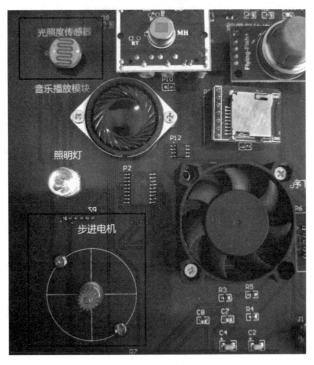

图 3-13　步进电机控制模块

3.2.3　操作方法与步骤

（1）打开物联网设备电源，将 USB 线缆一端插入到如图 3-14 所示的 USB 接口中，另一端接入到 PC 端 USB 接口中。

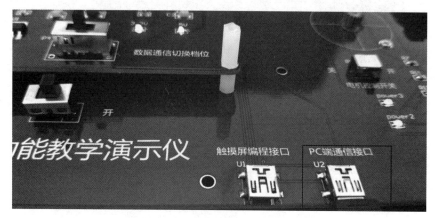

图 3-14　USB 线缆接入设备 USB 口

（2）在 PC 端中，右击"我的电脑"，出现下拉菜单，选择"设备管理器"，如图 3-15 所示。

图 3-15　打开 PC 端设备管理器

（3）打开"设备管理器"，找到"端口（COM 和 LPT）"选项，展开选项之后，出现如图 3-16 所示的设备串口，这里为 USB-SERIAL CH340（COM1），串口名称为 COM1。

（4）将功能开关档位切换到 PC 端档之后，可以通过 PC 机对物联网设备进行数据采集和控制，如图 3-17 所示。

（5）在 PC 端双击光照度采集控制软件，运行光照度检测步进电机控制程序，主界面如图 3-18 所示。

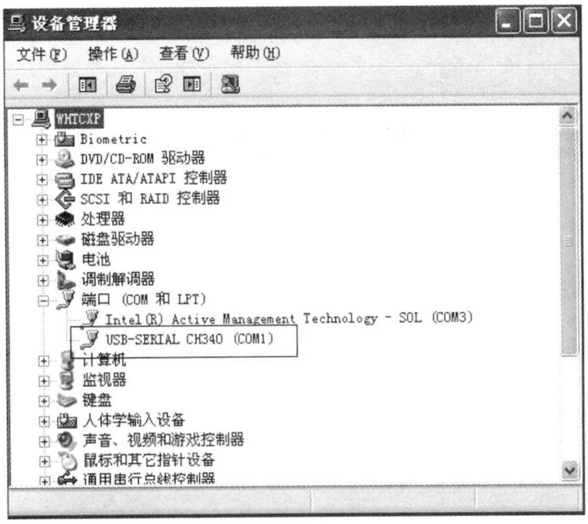

图 3-16　获取设备串口名称

图 3-17　设备端与 PC 通信档位

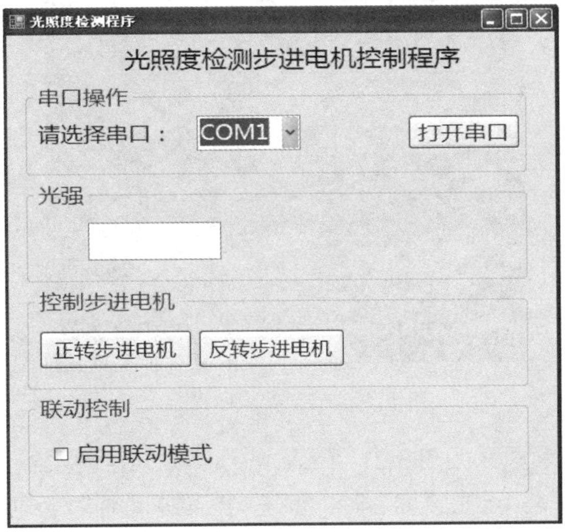

图 3-18　运行光照度采集步进电机控制程序

（6）根据前面所显示的串口名称，这里选择串口 COM1，点击"打开串口"按钮，这时运行界面上显示当前的光照度信息，如图 3-19 所示。

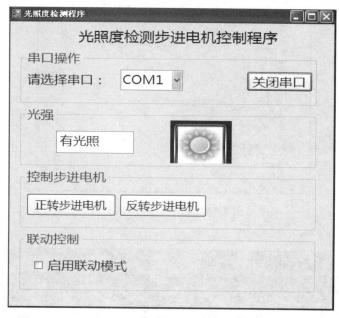

图 3-19　窗体显示光照度信息

（7）当点击"正转步进电机"按钮或者"反转步进电机"按钮之后，物联网设备的终端控制节点中的步进电机开始正转或者反转一定圈数，如图 3-20 所示，

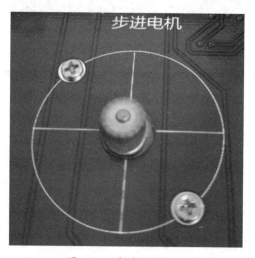

图 3-20　步进电机转动

（8）在联动控制项中，如图 3-21 所示，勾选"启动联动模式"复选框之后，如果当前环境光照较弱，显示无光照信息时，步进电机立刻顺时针转动，

图 3-21 无光照联动控制

（9）如果当前环境光照较强，显示有光照信息时，步进电机立刻逆时针转动，如图 3-22 所示。

图 3-22 有光照联动控制

知识链接

在日常生活中，一般电机是连续转动的，而步进电机之所以被称为步进电机，是因为它是一步一步走的电机，英文名叫 stepper。步进电机是将脉冲信号转换成机械运动的一种特殊电机，如图 3-23 所示。

步进电机是一种将电脉冲转化为角位移的执行机构。通俗一点讲，当步进驱动器接收到一个脉冲信号时，它就驱动步进电机按设定的方向转动一个固定的角度（即步进角）。它的旋转是以固定的角度一步一步运行的，可以通过控制脉冲个数来控制角位移量，从而达到准确定位的目的，同时可以通过控制脉冲频率来控制电机转动的速度和加速度，从而达到调速的目的。

图 3-23　步进电机模块

步进电机内部实际上产生了一个可以旋转的磁场，如图 3-24 所示。当旋转磁场依次切换时，转子（rotor）就会随之转动相应的角度。当磁场旋转过快或者转子上所带负载的转动惯量太大时，转子无法跟上步伐，就会造成失步。

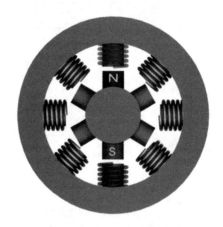

图 3-24　步进电机内部结构

任务 3.3　基于触摸屏实现步进电机控制应用

3.3.1　任务描述

下班回家，进入家庭的客厅之后，只要在门口的水晶面板上触摸按键，如图 3-25 所示，就能马上让全家的窗帘缓缓地关闭，省去了自己动手拉窗帘的麻烦，也省时方便。

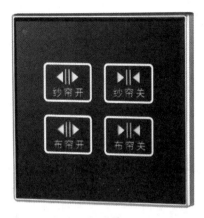

图 3-25　触摸屏面板控制窗帘开启

3.3.2　任务分析

这里将利用 USART HMI 可视化开发平台对物联网多功能教学演示仪触摸屏进行用户界面设计。首先进入启动界面，当启动界面进度条运行完成之后，进入主界面，然后在主界面中进行步进电机窗帘控制程序设计，并实现简单的功能代码，最后将程序下载至设备端运行，通过设备端的触摸屏操作界面可以实现对电动窗帘（步进电机）控制操作，具体流程如图 3-26 所示。

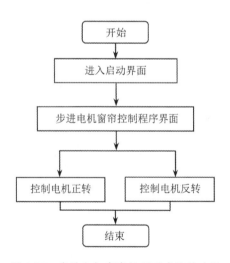

图 3-26　步进电机窗帘控制程序设计流程

3.3.3　操作方法与步骤

1. 创建 HMI 触摸屏动画程序工程项目

（1）点击 PC 机左下角"开始"按钮，选择"程序"→ USART HMI → USART HMI，如图 3-27 所示。

图 3-27　打开 USART HMI 开发平台

（2）打开 USART HMI 开发平台，如图 3-28 所示，在起始页的项目窗体界面上，选择菜单中的"文件"→"新建"，如图 3-29 所示。

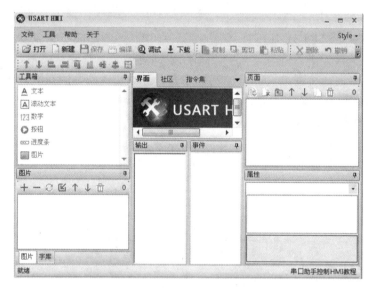

图 3-28　USART HMI 开发平台界面

图 3-29　选择"新建"选项

（3）在"另存为"对话框中，按照项目路径保存新建项目名称，这里输入"HMI步进电机模拟窗帘控制程序"，点击"保存"按钮，如图 3-30 所示。

图 3-30　"另存为"对话框

（4）当点击"保存"按钮之后，自动进入"设置"对话框，如图 3-31 所示。这里有设备类型选择和显示方向选择。根据实际的 HMI 串口屏的类型进行选择，这里选择 3.5寸屏的 TJC4832T035_011 选项。

图 3-31　设置设备类型选项

（5）显示方向根据实际需要进行选择，这里选择 90°横屏显示，如图 3-32 所示。选择完成之后，点击 OK 按钮，完成项目构建。

图 3-32 设置设备显示方向选项

2. 项目图片添加

（1）在"触摸屏步进电机模拟窗帘控制程序"的项目路径下，新建文件夹名为"素材"，然后将所需的图片拷贝进"素材"文件夹中，如图 3-33 所示。

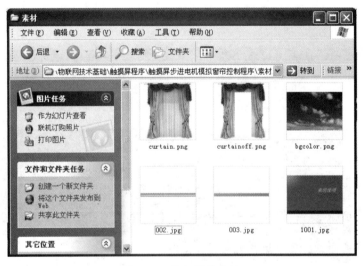

图 3-33 添加图片素材

（2）在 HMI Uart 开发平台左下方的图片和字库的切换按钮中，选择"图片"选项，进行图片添加，如图 3-34 所示。

（3）点击左边的"+"按钮，弹出"打开"对话框，如图 3-35 所示，在"触摸屏步进电机模拟窗帘控制程序"的项目路径下，找到"素材"文件夹，打开文件夹，选择所需要的图片，选择完成之后，点击"打开"按钮。

图 3-34 选择"图片"选项

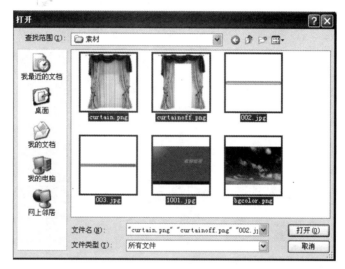

图 3-35 选择图片

（4）选择完成之后，在图片栏中可以显示上一步所添加的各种图片，并自动完成图片的编号，这里的编号可以在后面的控件属性中进行设定，如图 3-36 所示。

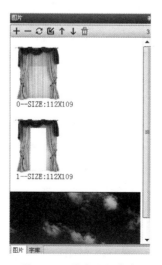

图 3-36 图片添加完成

3. 项目字库制作与添加

（1）在 HMI Uart 开发平台中，选择菜单中的"工具"→"字库制作"，如图 3-37 所示，进入"字库制作工具"对话框。

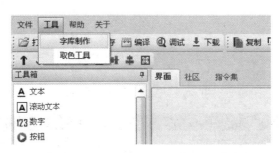

图 3-37　字库制作菜单选项

（2）在"字库制作工具"对话框中，选择字高为 32，编码为 gb2312，字体加粗，汉字可以选择宋体，字库名称为 ziti，点击"生成字库"按钮，如图 3-38 所示。

图 3-38　设置字库制作相关属性

（3）点击"生成字库"按钮，出现如图 3-39 所示的对话框，文件名为 ziti，点击"保存"按钮。

（4）完成之后，出现"提示"对话框，如图 3-40 所示，这里点击"是"按钮。

（5）完成字库添加之后，在字库栏中显示上一步新建的字库内容，如图 3-41 所示。

4. 项目界面设计

（1）为了能在界面中显示背景图片效果，这里选择页面 page0，在属性栏中将 sta 属性设置为图片选项值，如图 3-42 所示。

图 3-39　保存字库文件

图 3-40　"提示"对话框

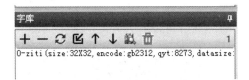

图 3-41　字库添加完成

图 3-42　页面背景 sta 属性设置

（2）在 pic 属性栏中双击，显示"选择图片"对话框，可以进行背景图片选择，这里选择编号为 3 的图片，如图 3-43 所示。

（3）选择完成之后，pic 属性栏中的值为 3，表示选择编号为 3 的图片作为背景图片，如图 3-44 所示。

图 3-43　背景图片选择

图 3-44　pic 属性值设置

（4）背景图片选择完成之后，可以看到界面的效果如图 3-45 所示。

图 3-45　界面背景效果

（5）从 HMI Uart 开发平台工具箱中选择进度条控件，然后在属性栏中将 sta 属性设置为图片，如图 3-46 所示。

（6）将进度条中的 sta 属性设置成图片之后，双击 bpic 属性栏，出现如图 3-47 所示的图片选择，选择编号为 4 的图片作为进度条背景图片。

图 3-46　进度条 sta 属性设置

图 3-47　进度条背景图片选择

（7）同理双击 ppic 属性栏，选择编号为 5 的图片作为进度条前景图片，同时将 val
值设置为 0，如图 3-48 所示。

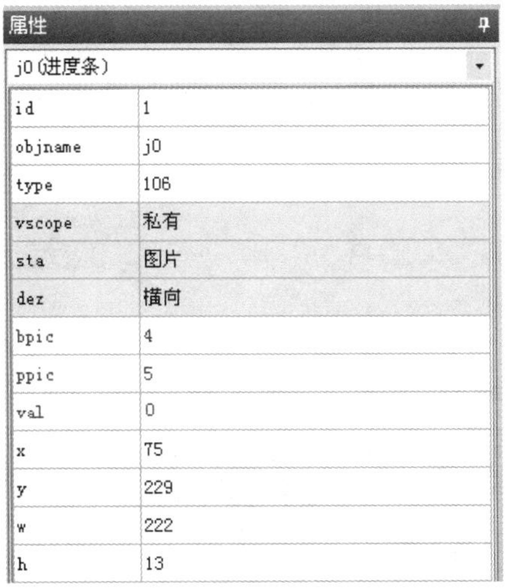

图 3-48　进度条属性值设置

（8）设置完成之后，显示如图 3-49 所示的界面。

（9）从 HMI Uart 开发平台工具箱中选择文本框控件，然后在属性栏中将 sta 属性
设置为切图，picc 属性值设置为前面的背景图片编号 3 值，这样字体背景与界面背景
透明显示，另外将 txt 设置为 Welcome…，高度和宽度设置为 60 和 200，如图 3-50 所示。

（10）点击 pco 属性栏，显示如图 3-51 所示的"颜色"对话框，这里选择红色作
为字体颜色，点击"确定"按钮。

图 3-49　进度条显示

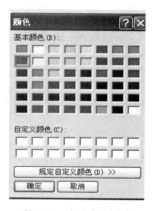

图 3-50　文本框控件属性设置

图 3-51　字体颜色选择

（11）选完成文本框属性设置之后，显示如图 3-52 所示的页面效果。

图 3-52　页面文本框显示

（12）利用同样步骤，完成文本"%"的文本框设置以及数字控件的设置，效果如图 3-53 所示。

图 3-53　页面文本框显示

（13）点击 ▣，添加新的页面 page1，如图 3-54 所示，将这个界面作为启动界面之后跳转的步进电机窗帘控制程序界面。

图 3-54　添加新的页面

（14）为了能在界面中显示背景图片效果，这里选择页面 page1，在属性栏中将 sta 属性设置为图片选项值，如图 3-55 所示。

图 3-55　页面背景 sta 属性设置

（15）在 pic 属性栏中双击，显示"图片选择"对话框，可以进行背景图片选择，这里选择编号为 2 的图片，如图 3-56 所示。

图 3-56　背景图片选择

（16）选择完成之后，pic 属性栏中的值为 2，表示选择编号为 2 的图片作为背景图片，如图 3-57 所示。

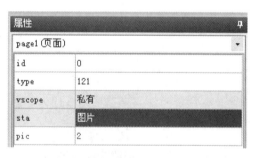

图 3-57　pic 属性值设置

（17）背景图片选择完成之后，可以看到界面的效果如图 3-58 所示。

（18）从 HMI Uart 开发平台工具箱中选择文本控件，然后在属性栏中将 txt-maxl 属性设置为 20，txt 属性设置为"步进电机窗帘控制程序"，宽度 w 和高度 h 分别设置为 320 和 50，如图 3-59 所示。

图 3-58　页面背景效果

属性	中
t0（文本）	▼
txt	步进电机窗帘控制程序
txt_maxl	20
isbr	是
spax	0
spay	0
x	74
y	33
w	320
h	50

图 3-59　设置文本属性

（19）文本控件属性设置完成之后，显示如图 3-60 所示的页面效果。

图 3-60　界面字高为 32 的文本效果

（20）为了使界面文本信息与背景图片显示透明效果，这里可以将文本控件的 sta 属性设置为切图，picc 属性选择编号为 2 的图片，如图 3-61 所示。

图 3-61　文本控件透明效果设置

（21）当文本控制的属性值设置完成之后，界面效果如图 3-62 所示。

图 3-62　文本控件与背景透明效果

（22）按照前面添加字库的方法，添加字高为 24 的字库字体，如图 3-63 所示。

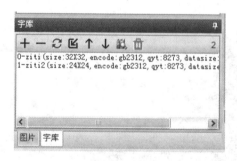

图 3-63　添加字高为 32 字库字体

（23）从 HMI Uart 开发平台工具箱中选择一个按钮控件，然后在属性栏中将 font 属性设置为 1，表示选择字高为 24 的字库字体，txt 属性设置为"电机正转"，如图 3-64 所示。

图 3-64　设置字库和文本属性

（24）文本控件属性设置完成之后，出现如图 3-65 所示的页面效果。

图 3-65　设置字库和文本属性

（25）在 HMI Uart 开发平台工具箱中点击一次图片控件，添加一个图片控件进入界面，然后将按钮 pic0 属性设置为显示的图片编号 0，如图 3-66 所示。

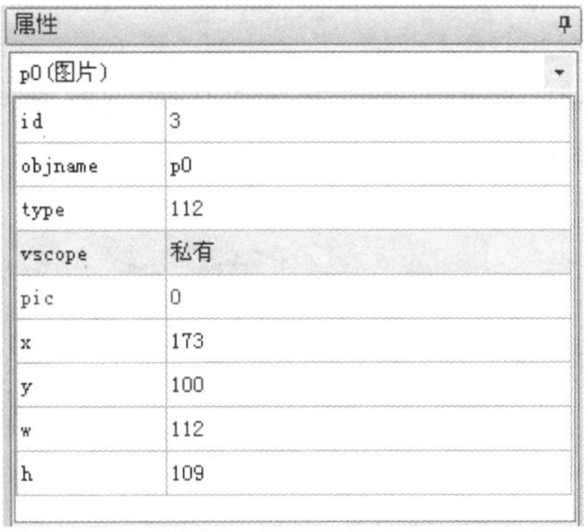

属性	
p0 (图片)	
id	3
objname	p0
type	112
vscope	私有
pic	0
x	173
y	100
w	112
h	109

图 3-66　图片控件选择

（26）完成之后，界面效果如图 3-67 所示。

图 3-67　界面面整体布局

5. 项目功能实现

（1）启动界面的功能实现。

1）在工具箱中选择定时器控件，控件名称为 tm0，如图 3-68 所示。

图 3-68　选择 tm0 定时器控件

2）然后在属性栏中将定时器 tim 属性设置为 100，en 属性设置 1，表示程序运行就启动定时器运行，如图 3-69 所示。

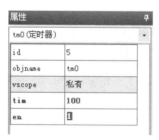

图 3-69　构建定时器

3）定时器功能代码如下：

```
j0.val=j0.val+1
n0.val=n0.val+1
if(j0.val==10)
{
t0.txt="welcome."
}
if(j0.val==20)
{
t0.txt="welcome.."
}
if(j0.val==30)
{
t0.txt="welcome..."
}
if(j0.val==40)
{
t0.txt="welcome."
}
if(j0.val==50)
{
t0.txt="welcome.."
}
if(j0.val==60)
{
t0.txt="welcome..."
}
if(j0.val==70)
{
t0.txt="welcome."
}
if(j0.val==80)
{
t0.txt="welcome.."
}
if(j0.val==90)
{
t0.txt="welcome..."
}
if(j0.val==100)
{
page 1
}
```

4）启动界面程序运行效果如图 3-70 所示。

（2）步进电机控制功能实现。

1）在 page1 所对应的界面中选择按钮之后，在"弹起事件"栏中，编写简单功能代码，如图 3-71 所示。

图 3-70　启动界面运行图

图 3-71　弹起事件栏中功能代码

2）具体功能代码如下：

```
if(b0.txt==" 电机正转 ")
{
 prints "297",0
 b0.txt=" 电机反转 "
 p0.pic=1
}else
{
 prints "2A7",0
 b0.txt=" 电机正转 "
 p0.pic=0
}
```

3）代码编写完成之后，点击"编译"按钮，如果编译正确，显示如图 3-72 所示信息。

（3）点击"调试"按钮，这时在 PC 机端模拟触摸屏界面，可以模拟电机运行状态，如图 3-73 所示。

6. 项目下载至触摸屏中

（1）打开物联网设备电源，将 USB 线缆一端插入到如图 3-74 所示的触摸屏 USB 接口中，另一端接入到 PC 端 USB 接口中。

图 3-72　程序编译成功

图 3-73　PC 端程序运行

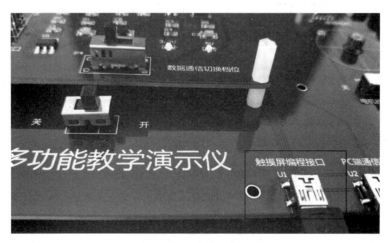

图 3-74　USB 线缆接入设备触摸屏 USB 口

（2）在 PC 端中，右击"我的电脑"，出现下拉菜单，选择"设备管理器"，如图 3-75 所示。

图 3-75　打开 PC 端设备管理器

（3）打开"设备管理器"，找到"端口（COM 和 LPT）"选项，展开选项之后，出现如图 3-76 所示的设备串口，这里为 USB-SERIAL CH340（COM1），串口名称为 COM1。

图 3-76　获取设备串口名称

（4）将功能开关档位切换到触摸屏档之后，可以将 PC 端的触摸屏程序下载至物联网设备的触摸屏中，如图 3-77 所示。

（5）点击 HMI 开发平台中的"下载"选项，能够将 PC 端触摸屏程序下载至物联网平台的触摸屏中，如图 3-78 所示。

（6）点击"下载"选项之后，出现如图 3-79 所示的对话框信息，表示 PC 机和触摸屏连接成功，开始下载程序。

（7）当显示如图 3-80 所示对话框信息时，表示程序下载至触摸屏完毕。

图 3-77　设备端与 PC 端通信档位

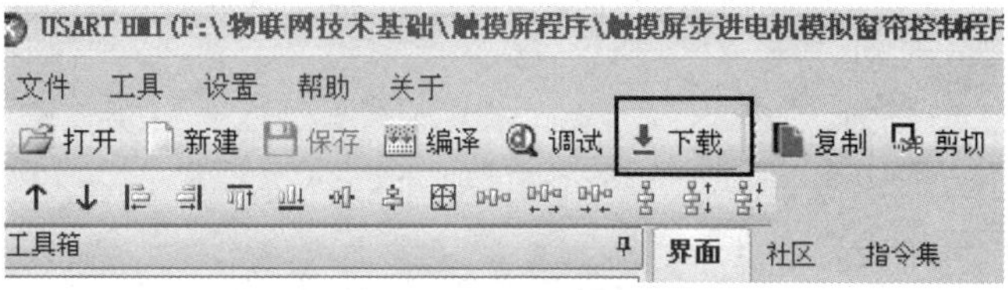

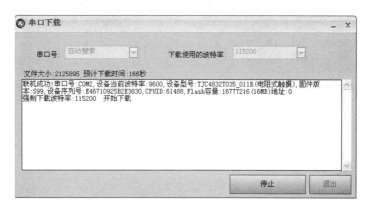

图 3-78　点击程序下载选项

图 3-79　程序开始下载设备端信息提示

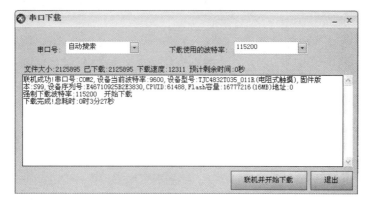

图 3-80　程序下载完成信息提示

（8）程序运行之后，首先运行启动界面，当进度条达到 100%之后，进入步进电机窗帘控制界面，然后点击触摸屏上的按钮控件，如图 3-81 所示。这时可以控制步进电机的正转和反转，同时模拟窗帘状态图片也进行相应的改变。

图 3-81 设备端触摸屏运行界面

思考与练习

一、填空题

1. 按照光敏电阻的光谱特性分，有三种光敏电阻：_____ 光敏电阻、_____ 光敏电阻以及 _____ 光敏电阻。

2. 光敏电阻在一定的外加电压下，当没有光照射的时候，流过的电流称为 _____。外加电压与暗电流之比称为 _____。

3. 步进电机是一种将 _____ 转化为 _____ 的执行机构。通俗一点讲，当步进驱动器接收到一个 _____，它就驱动步进电机按设定的方向转动一个 _____ 的角度。

二、简答题

1. 简述光敏电阻定义。

2. 简述光敏电阻的特点。

3. 简述步进电机的特点。

三、举例说明

1．列举一些其他类型的光照度传感器及应用领域。

2．除了本书所阐述的光照度传感器与步进电机进行联动控制的场景外，列举一些我们周围生活中的步进电机应用场景，并针对特定场景根据自己的理解，讲出步进电机的实际应用意义。

四、编程题

请根据自己对任务 3.3 的编程理解，将基于触摸屏的步进电机控制程序换一种界面设计方式，重新实现步进电机控制功能。

项目 4
人体红外采集继电器控制应用

项目情境

随着时代的进步，"科技以人为本"已经成为了服务业及产品设计的基本理念，人们的生活变了样：当我们走近地下停车场时，LED 感应灯能检测到人体红外信号，亮度将自动调节；当离开停车场，LED 感应灯将亮度自动降低，如图 4-1 所示。夜晚，走近路灯下，路灯为你自动打开，照亮你回家的路。同样，当我们走近水槽时，手一伸，干净的自来水自动从水龙头里流出，洗完手后，水龙头自动停止供水，既节约水又卫生方便……这些都离不开物联网中的人体红外传感器与继电器的应用。

有人有车时，全亮(16瓦)状态，停车场场景　　　无人无车时，低亮(3瓦)状态，停车场场景

图 4-1　地下停车场 LED 感应灯

学习目标

1. 知识目标

● 了解人体红外传感器的定义、组成及分类
● 了解人体红外传感器在物联网系统中的应用
● 掌握日常生活中一些人体红外传感器的使用
● 了解人体红外传感器的发展方向

2. 技能目标

● 能根据应用场景，合理选择人体红外传感器
● 能学会人体红外传感器数据采集
● 能学会继电器的控制
● 能利用人体红外传感器对继电器进行联动控制

任务 4.1　　人体红外传感器数据采集

4.1.1　任务描述

在大多数家庭中，如果室内存放现金、首饰等贵重物品，主人除了在意识上重视外，通常都会采取一定的防范措施，比如安装热释电红外线传感器在室内，当检测到人体

散发的红外线之后，热释电红外线传感器能及时感应到人体信息，然后通过智能网关无线发送至主人的手机端进行显示，以便主人能够及时报警处理。

4.1.2　任务分析

在本次实验中，物联网多功能教学演示仪上安装了一个热释电红外线传感器模块，如图 4-2 所示。通过运行 PC 端的人体红外检测报警程序，可以对周边环境人体散发的红外线进行检测，并将采集到的人体信息在人体红外检测报警程序界面中显示出来。

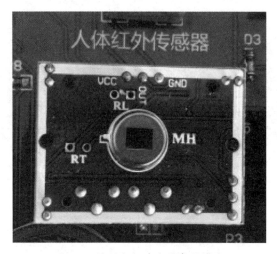

图 4-2　热释电红外线传感器模块

4.1.3　操作方法与步骤

（1）打开物联网设备电源，将 USB 线缆一端插入到如图 4-3 所示的 USB 接口中，另一端接入到 PC 端 USB 通信接口中。

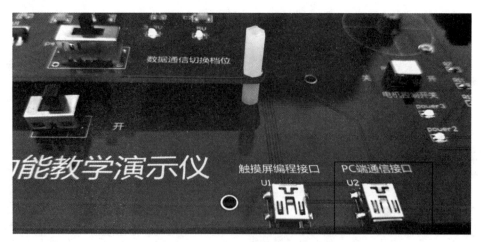

图 4-3　USB 线缆接入设备 USB 口

（2）在 PC 端中，右击"我的电脑"，出现下拉菜单，选择"设备管理器"，如图 4-4 所示。

图 4-4 打开 PC 端设备管理器

（3）打开"设备管理器"，找到"端口（COM 和 LPT）"选项，展开选项之后，出现如图 4-5 所示的设备串口，这里为 USB-SERIAL CH340（COM1），串口名称为 COM1。

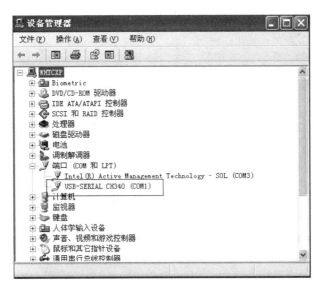

图 4-5 获取设备串口名称

（4）将功能开关档位切换到 PC 端档之后，可以通过 PC 机对物联网设备进行数据采集和控制，如图 4-6 所示。

（5）在 PC 端双击人体红外检测报警软件，运行人体红外检测报警程序，主界面如图 4-7 所示。

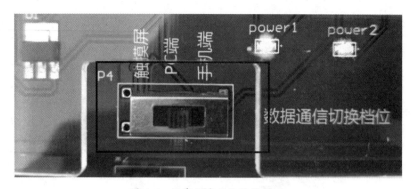

图 4-6　设备端与 PC 通信档位

图 4-7　运行人体红外检测报警程序

（6）根据前面所显示的串口名称，这里选择串口 COM1，点击"打开串口"按钮，这时运行界面上显示当前环境的人体信息，如果当前环境没有人体信息，则显示当前无人，并且显示代表人体红外报警的信息颜色为黄色图片，如图 4-8 所示。

图 4-8　窗体界面显示无人信息

（7）如果当前环境检测到有人体信息，则显示当前有人闯入，并且显示代表人体红外报警的信息颜色为红色图片，如图 4-9 所示。

图 4-9　窗体界面显示有人信息

🔗 **知识链接**

（1）人体热释电红外传感器简介。

热释电红外传感器是一种能检测人或动物发射的红外线而输出电信号的传感器，如图 4-10 所示。早在 1938 年，有人提出过利用热释电效应探测红外辐射，但并未受到重视，直到 20 世纪 60 年代才又兴起了对热释电效应的研究和对热释电晶体的应用。目前，热释电晶体已广泛用于红外光谱仪、红外遥感以及热辐射探测器，除了在楼道照明自动开关、防盗报警上得到应用外，还在更多的领域得到应用。例如：在房间无人时会自动停机的空调机、饮水机，能判断无人观看或观众已经睡觉后自动关机的电视机等，还开启了监视器或自动门铃上的应用，摄影机或数码照相机自动记录动物或人的活动等。

图 4-10　热释电人体红外传感器

（2）人体热释电红外传感器技术参数与特性。

人体辐射的红外线中心波长为 9 ~ 10μm，而探测元件的波长灵敏度在 0.2 ~ 20μm 范围内几乎稳定不变。在传感器顶端开设了一个装有滤光镜片的窗口，这个滤光片可通过光的波长范围为 7 ～ 10μm，正好适合于人体红外辐射的探测，而其他波长的红外线由滤光片予以吸收，这样便形成了一种专门用作探测人体辐射的红外线传感器。

（3）实验相关电路如图 4-11 所示。

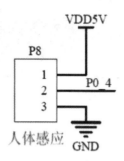

图 4-11　热释电红外传感器电路连接

任务 4.2　　人体红外检测和继电器控制应用

4.2.1　任务描述

夜间起夜常常要摸黑，把人体红外传感器感应灯安装在床边，起夜自动点亮夜灯，如图 4-12 所示；如果把人体红外传感器装在客厅，检测到人离开客厅一段时间后可自动关闭空调电视。多个红外感应器配合使用，让家里的每个房间都能感知起来，轻松享受生活！

图 4-12　人体红外传感器感应灯

4.2.2　任务分析

在本次实验中，物联网多功能教学演示仪上安装了一个热释电人体红外传感器模块和一个继电器控制模块，如图 4-13 所示。通过运行 PC 端的人体红外检测和继电器控制程序，可以对周边环境的人体红外数据进行采集，并根据采集到的人体信息进行判断，从而实现自动控制继电器（模拟灯光或者空调）的开启和关闭。

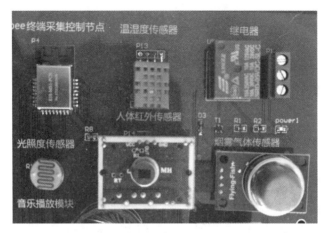

图 4-13　人体红外传感器和继电器控制模块

4.2.3　操作方法与步骤

（1）打开物联网设备电源，将 USB 线缆一端插入到如图 4-14 所示的 USB 接口中，另一端接入到 PC 端 USB 通信接口中。

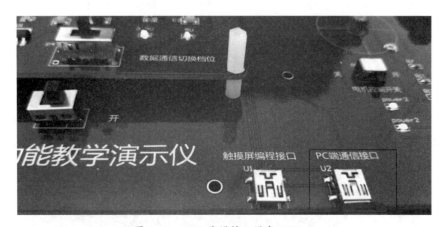

图 4-14　USB 线缆接入设备 USB 口

（2）在 PC 端中，右击"我的电脑"，出现下拉菜单，选择"设备管理器"，如图 4-15 所示。

（3）打开"设备管理器"，找到"端口（COM 和 LPT）"选项，展开选项之后，出现如图 4-16 所示的设备串口，这里为 USB-SERIAL CH340（COM1），串口名称为 COM1。

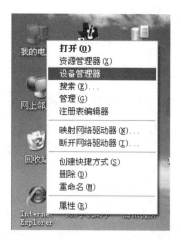

图 4-15　打开 PC 端设备管理器

图 4-16　获取设备串口名称

（4）将功能开关档位切换到 PC 端档之后，可以通过 PC 机对物联网设备进行数据采集和控制，如图 4-17 所示。

图 4-17　设备端与 PC 通信档位

（5）在 PC 端双击烟雾气体采集控制软件，运行人体红外检测继电器控制程序，主
界面如图 4-18 所示。

图 4-18　运行人体红外采集继电器控制程序

（6）根据前面所显示的串口名称，这里选择串口 COM1，点击"打开串口"按钮，
这时运行界面上显示当前的人体红外信息，如图 4-19 所示。

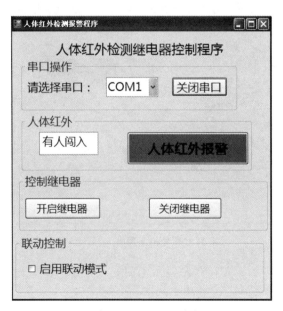

图 4-19　窗体界面显示当前有人闯入

（7）当点击"开启继电器"按钮或者"关闭继电器"按钮之后，物联网设备的终

端控制节点中的继电器实现闭合或者断开，如图 4-20 所示。

图 4-20　继电器闭合指示灯点亮

（8）在联动控制项中，如图 4-21 所示，勾选"启动联动模式"复选框之后，如果当前检测到有人存在，显示有人闯入信息时，继电器开关立刻闭合，界面上指示灯图片显示点亮状态。

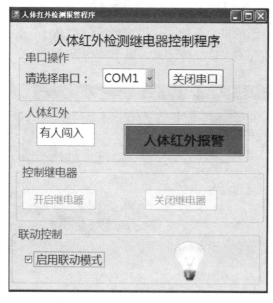

图 4-21　联动控制的有人闯入信息

（9）如果当前检测到无人存在，显示当前无人信息时，继电器开关立刻断开，界面上指示灯图片显示熄灭状态，如图 4-22 所示。

图 4-22 联动控制的无人状态信息

🔗 知识链接

继电器是一种当输入量达到一定值时，输出量将发生跳跃式变化的自动控制器件。继电器有一个输入回路，一般接低压电源；有一个输出回路，一般接高压电源。输入回路中有一个电磁铁线圈，当输入回路有电流通过，电磁铁产生磁力，吸力使输出回路的触点接通，则输出回路导电（通）。当输入回路无电流通过，电磁铁失去磁力，输出回路的触点弹回原位，断开，则输出回路断电（断），如图 4-23 所示，其中引脚 1、3 接电源，2 和 4 为常开触点，2 和 5 为常长闭触点。

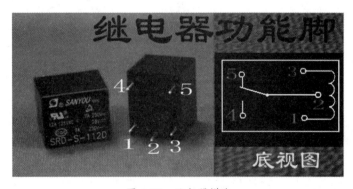

图 4-23 继电器模块

当前比较常见的继电器模块型号是 SRD-05VDC-SLC-C，输入电压为直流 5V，接在线圈两端的是两个输入脚，公共端、常开端、常闭端是三个输出脚。公共端与常开端组成常开开关，公共端与常闭端组成常闭开关。当线圈两端的两个输入端加一个 5V 电压时，则公共端与常开端闭合，如图 4-24 所示。

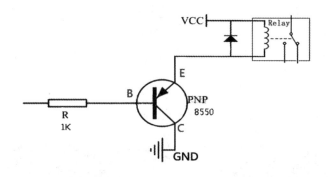

图 4-24　继电器模块引脚功能

对于物联网设备的继电器的电路连接如图 4-25 所示，继电器 VCC 电源端接 5V，GND 接地，信号输入端接 MCU 引脚。该电路中三极管相当于一个开关，运行原理如下：当 MCU 引脚输出高电平，三极管 B 极与 E 极间没有电压差，三极管 E 极与 C 极间不通，继电器没有电流通过。当 MCU 引脚输出低电平，三极 B 管极与 E 极间形成电压差，三极管 E 极与 C 极之间导通，电流通过继电器线圈两个输入端，继电器闭合。

图 4-25　继电器模块电路连接

任务 4.3　基于触摸屏实现继电器控制应用

4.3.1　任务描述

在智能家居环境中，当主人房门口和床头各设置一个墙装触摸屏控制面板时（如图 4-26 所示），只要轻松点击触控面板，就能方便地开启房间灯光，并有多种场景设置，可实现对全宅指定区域内灯光或者空调系统的控制，体现家居生活的舒适与时尚。

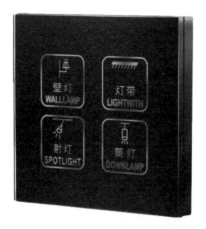

图 4-26　触摸屏面板控制灯光

4.3.2　任务分析

这里将利用 USART HMI 可视化开发平台对物联网多功能教学演示仪触摸屏进行用户界面设计。在主界面中进行继电器空调控制程序设计，可以实现手动模式和自动模式的控制功能。当选择手动模式时，可以通过点击触摸屏上空调图片进行继电器控制操作，当选择自动模式时，根据设置的时间和定时器启动之后的时间进行比较，当定时器计时时间到达设置时间时，自动开启继电器，完成相关功能代码之后，将程序下载至设备端运行，通过设备端的触摸屏操作界面可以实现对继电器控制操作，具体流程如图 4-27 所示。

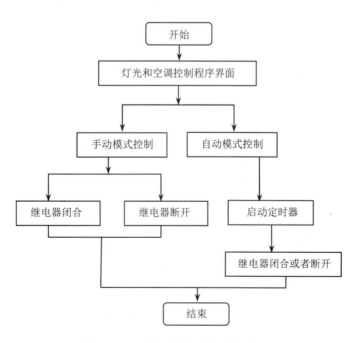

图 4-27　灯光和空调控制程序设计流程

4.3.3 操作方法与步骤

1. 创建 HMI 触摸屏动画程序工程项目

（1）点击 PC 机左下角"开始"按钮，选择"程序"→ USART HMI → USART HMI，如图 4-28 所示。

图 4-28 打开 USART HMI 开发平台

（2）打开 HMI Uart 开发平台，如图 4-29 所示，在起始页的项目窗体界面上，选择菜单中的"文件"→"新建"，如图 4-30 所示。

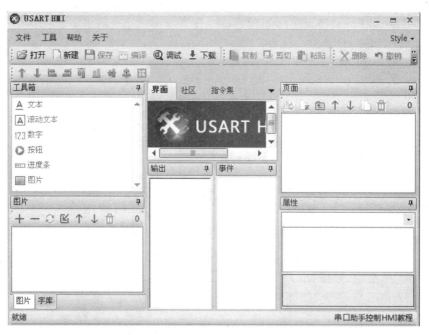

图 4-29 USART HMI 开发平台界面

（3）在"另存为"对话框中，按照项目路径保存新建项目名称，这里输入"HMI 继电器空调控制程序"，点击"保存"按钮。如图 4-31 所示。

（4）当完成保存按钮之后，自动进入"设置"对话框，如图4-32所示。这里有设备类型选择和显示方向选择。根据实际的HMI串口屏的类型进行选择，这里选择3.5寸屏的TJC4832T035_011选项。

图4-30 选择"新建"选项

图4-31 "另存为"对话框

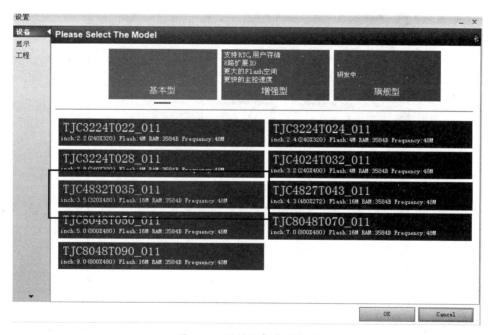

图4-32 设置设备类型选项

（5）显示方向根据实际需要进行选择，这里选择90°横屏显示，如图4-33所示。选择完成之后，点击OK按钮，完成项目构建。

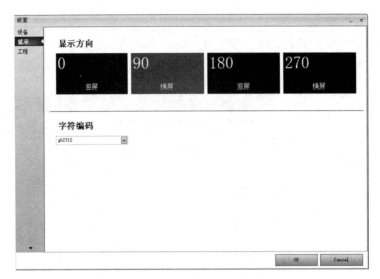

图 4-33　设置设备显示方向选项

2. 项目图片添加

（1）在"触摸屏继电器模拟空调控制程序"的项目路径下，新建文件夹名为"素材"，然后将所需的图片拷贝进"素材"文件夹中，如图 4-34 所示。

图 4-34　添加图片素材

（2）在 HMI Uart 开发平台左下方的图片和字库的切换按钮中，选择"图片"选项，进行图片添加，如图 4-35 所示。

（3）点击左边的"＋"按钮，弹出"打开"对话框，如图 4-36 所示，在"触摸屏继电器模拟空调控制程序"的项目路径下，找到"素材"文件夹，打开文件夹，选择所需要的图片，选择完成之后，点击"打开"按钮。

图 4-35 选择"图片"选项

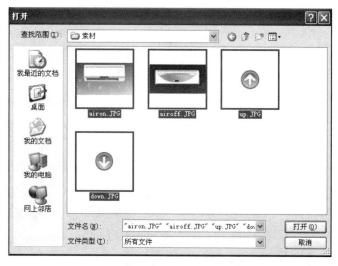

图 4-36 选择图片

（4）选择完成之后，在图片栏中可以显示上一步所添加的各种图片，并自动完成图片的编号，这里的编号可以在后面的控件属性中进行设定，如图 4-37 所示。

图 4-37 图片添加完成

3. 项目字库制作与添加

（1）在 HMI Uart 开发平台中，选择菜单中的"工具"→"字库制作"，如图 4-38 所示，进入"字库制作工具"对话框。

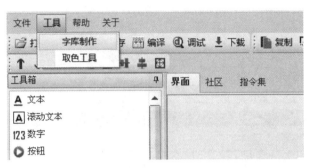

图 4-38　字库制作菜单选项

（2）在"字库制作工具"对话框中，选择字高为 32，字体加粗，汉字可以选择黑体，编码选择 gb2312，字体加粗，单字节字符选择 Arial，字库名称为 ziti，点击"生成字库"按钮，如图 4-39 所示。

图 4-39　设置字库制作相关属性

（3）点击"生成字库"按钮，出现如图 4-40 所示的对话框，文件名为 ziti，点击"保存"按钮。

图 4-40　保存字库文件

（4）完成之后，出现"提示"对话框，如图 4-41 所示，这里点击"是"按钮。

图 4-41　"提示"对话框

（5）完成字库添加之后，在字库栏中显示上一步新建的字库内容，如图 4-42 所示。

图 4-42　字库添加完成

4. 项目界面设计

（1）为了能在页面中显示背景颜色，这里选择页面 page0，在属性栏中将 bco 属性设置为 more colors 选项值，如图 4-43 所示。

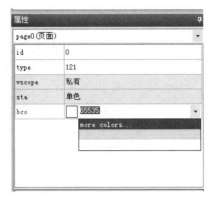

图 4-43　页面背景 sta 属性设置

（2）当出现如图 4-44 所示的"颜色"对话框时，可以选择背景所需的颜色值，选择完成之后，点击"确定"按钮。

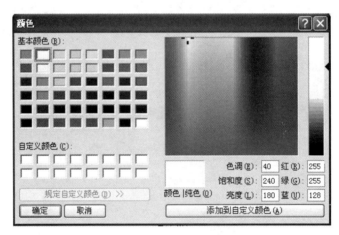

图 4-44　选择背景颜色值

（3）从 HMI Uart 开发平台工具箱中选择文本控件，然后在属性栏中将 bco 属性值设置为前面的背景颜色值 65520，字体颜色值同理选择所需的颜色值，如图 4-45 所示。

图 4-45　文本的颜色值选择

（4）从 HMI Uart 开发平台工具箱中选择文本控件，然后在属性栏中将 txt-maxl 属性设置为 20，txt 属性设置为"继电器空调控制程序"，宽度 w 和高度 h 分别设置为 300 和 50，如图 4-46 所示。

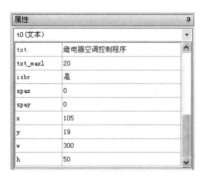

图 4-46　设置文本属性

（5）文本控件属性设置成完成之后，出现如图 4-47 所示的页面效果。

图 4-47　页面字高为 32 的文本效果

（6）按照前面添加字库的方法，添加字高为 24 的字库字体，如图 4-48 所示。

图 4-48　添加字高为 24 字库字体

（7）在 HMI Uart 开发平台工具箱中点击一次双态按钮控件，添加一个双态按钮控件进入界面，在属性栏中将 sta 属性改为图片属性，如图 4-49 所示。

图 4-49　双态按钮 sta 属性设置

（8）然后双击 pic0 属性之后，出现如图 4-50 所示的"图片选择"对话框，可以进行图片的选择，这里选择编号为 1 的图片，代表空调处于关闭状态。

图 4-50　双态按钮的图片选择

（9）同理双击按钮，将 pic1 属性设置为图片编号为 0，代表空调状态是运行状态，如图 4-51 所示。

（10）完成设计之后，界面显示如图 4-52 所示的效果。

（11）在 HMI Uart 开发平台工具箱中点击单选框控件和文本控件，分别添加两个单选按钮控件和两个文本控件进入界面，然后将单选按钮的 val 属性设置为 0，表示当前不选中，如图 4-53 所示。

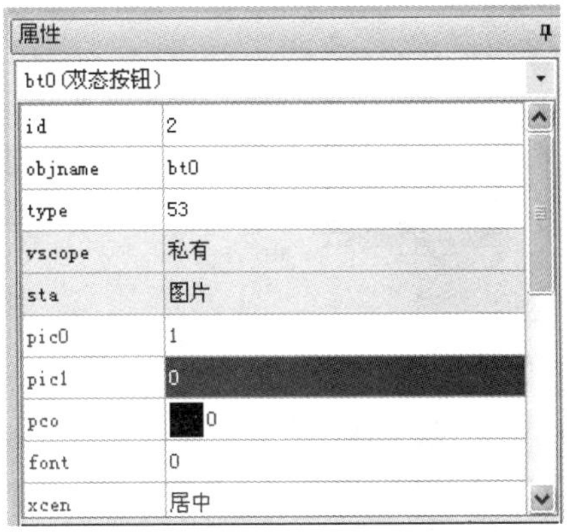

图 4-51　双态按钮图片选择

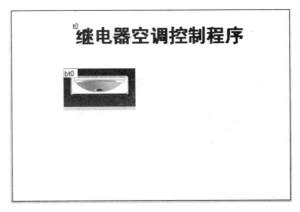

图 4-52　面整体布局

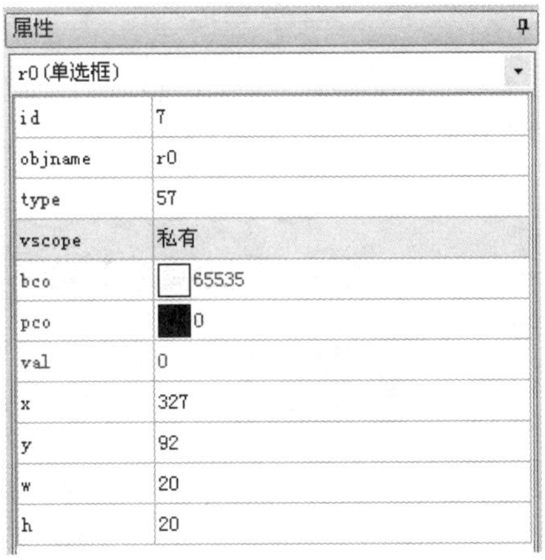

图 4-53　单选按钮控制属性设置

（12）将两个文本控件的 txt 属性分别设置为"手动模式"和"自动模式"，设置完成之后，效果如图 4-54 所示。

项目
4

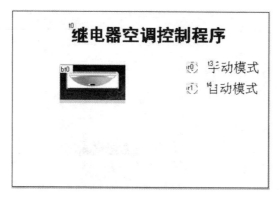

图 4-54　单选按钮文本信息界面

（13）在 HMI Uart 开发平台工具箱中点击图片控件、文本控件和数字控件，分别添加四个数字控件、两个文本控件以及四个图片控件进入界面，实现时间设置和计时功能，设计完成之后，页面效果如图 4-55 所示。

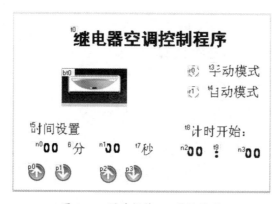

图 4-55　图片控件 pic 属性设置

（14）在 HMI Uart 开发平台工具箱中点击定时器控件，添加一个定时器控件，控件名称为 tm0，如图 4-56 所示。

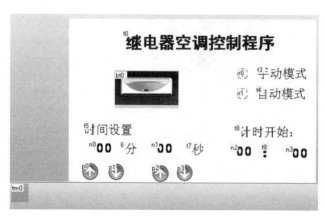

图 4-56　添加 tm0 定时器控件

（15）然后在属性栏中将定时器 tim 设置为 800ms，en 属性设置为 0，表示程序运行时定时器暂不启动，如图 4-57 所示。

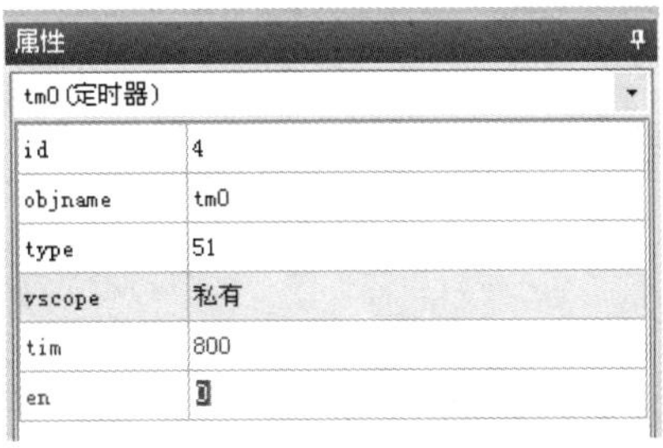

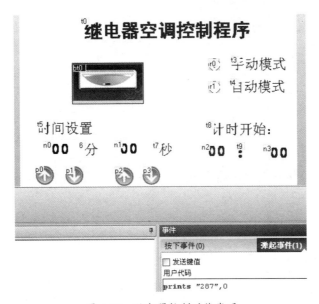

图 4-57　设置定时器属性

5. 项目功能实现

（1）继电器模拟（空调）控制功能实现。首先选择空调图片控件，然后在弹起事件中，加入一行 prints "287",0 代码，即可实现继电器的闭合和断开控制操作，如图 4-58 所示。

图 4-58　继电器控制功能代码

（2）时间设置功能实现。这里的时间设置分为分钟和秒钟设置，分钟的设置用 p0 和 p1 的图片控件来控制分钟数值的增加或者减少，同理秒钟的设置用 p2 和 p3 的图片控件来控制秒钟数值的增加或者减少。

1）选择 p0 图片控件，然后在弹起事件中编写如下功能代码：

```
n0.val=n0.val+1
if(n0.val==60)
{
 n0.val=0
}
```

2）选择 p1 图片控件，然后在弹起事件中编写如下功能代码：

```
if(n0.val==0)
{
 n0.val=60
}
n0.val=n0.val-1
```

3）选择 p2 图片控件，然后在弹起事件中编写如下功能代码：

```
n1.val=n1.val+1
if(n1.val==60)
{
 n1.val=0
}
```

4）选择 p3 图片控件，然后在弹起事件中编写如下功能代码：

```
if(n1.val==0)
{
 n1.val=60
}
n1.val=n1.val-1
```

（3）手动模式和自动模式功能实现。

1）选择 r0 单选按钮控件，然后在弹起事件中编写如下功能代码：

```
if(r0.val==1)
{
 tm0.en=0
 r1.val=0
 t8.txt=" 计时结束 "
 n2.val=0
 n3.val=0
}
```

2）选择 r1 单选按钮控件，然后在弹起事件中编写如下功能代码：

```
if(r1.val==1)
{
 tm0.en=1
 r0.val=0
 t8.txt=" 计时开始 "
}
```

（4）定时器功能实现。选择定时器 tm0 控件，然后在弹起事件中编写如下功能代码：

```
n3.val=n3.val+1
if(n3.val==60)
{
 n3.val=0
 n2.val=n2.val+1
 if(n2.val==60)
 {
  n2.val=0
 }
}
if(n1.val==n3.val)
```

```
{
  if(n0.val==n2.val)
  {
    prints "287",0
    t8.txt=" 计时结束 "
    n2.val=0
    n3.val=0
    tm0.en=0
    r0.val=1
    r1.val=0
    if(bt0.val==0)
    {
      bt0.val=1
    }else
    {
      bt0.val=0
    }
  }
}
```

（5）代码编写完成之后，点击"编译"按钮，如果编译正确，显示如图 4-59 所示的信息。

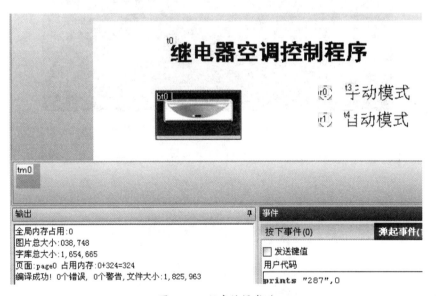

图 4-59　程序编译成功

（6）点击"调试"按钮，这时在 PC 机端模拟触摸屏界面，可以模拟灯光和空调运行状态，如图 4-60 所示。

6. 项目下载至触摸屏中

（1）打开物联网设备电源，将 USB 线缆一端插入到如图 4-61 所示的触摸屏 USB 编程接口中，另一端接入到 PC 端 USB 接口中。

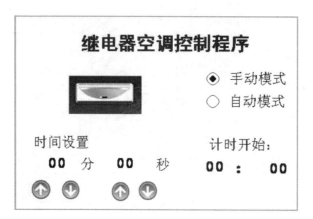

图 4-60　PC 端模拟触摸屏界面

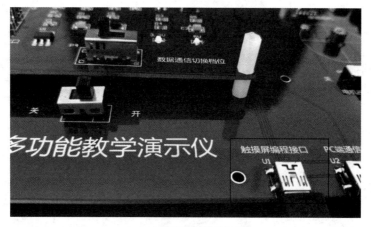

图 4-61　USB 线缆接入设备触摸屏 USB 口

（2）在 PC 端中，右击"我的电脑"，出现下拉菜单，选择"设备管理器"，如图 4-62 所示。

图 4-62　打开 PC 端设备管理器

（3）打开"设备管理器"，找到"端口（COM 和 LPT）"选项，展开选项之后，出现如图 4-63 所示的设备串口，这里为 USB-SERIAL CH340（COM1），串口名称为 COM1。

图 4-63　获取设备串口名称

（4）将功能开关档位切换到触摸屏档之后，可以将 PC 端的触摸屏程序下载至物联网多功能教学仪的触摸屏中，如图 4-64 所示。

图 4-64　设备端与 PC 端通信档位

（5）点击 HMI 开发平台中的"下载"选项，能够将 PC 端触摸屏程序下载至物联网平台的触摸屏中，如图 4-65 所示。

图 4-65　点击程序下载选项

（6）点击"下载"选项之后，出现如图 4-66 所示的对话框信息，表示 PC 机和触摸屏连接成功，开始下载程序。

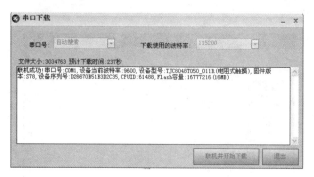

图 4-66　程序开始下载设备端信息提示

（7）当显示如图 4-67 所示对话框信息时，表示程序下载至触摸屏完毕。

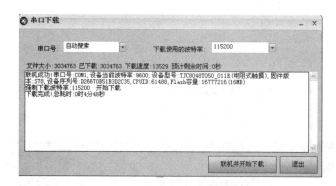

图 4-67　程序下载完成信息提示

（8）程序运行之后，点击触摸屏上的功能按钮，如图 4-68 所示，这时可以通过手动模式或者联动模式对物联网多功能教学演示仪中的继电器进行闭合或者断开控制。

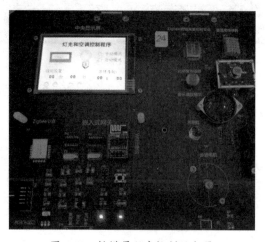

图 4-68　触摸屏程序控制继电器

思考与练习

一、填空题

1. 热释电红外传感器是一种能检测 _____ 或 _____ 发射的 _____ 而输出 _____ 的传感器。

2. 人体辐射的红外线中心波长为 _____ ～ _____ μm，而探测元件的波长灵敏度在 _____ ～ _____ μm 范围内几乎稳定不变。

3. 继电器是一种当输入量达到一定值时，输出量将发生 _____ 变化的自动控制器件。

4. 继电器有一个输入回路，一般接 _____ 电源；有一个输出回路，一般接 _____ 电源。输入回路中有一个电磁铁线圈，当输入回路有 _____ 通过，电磁铁产生磁力，吸力使输出回路的触点 _____，则输出回路导电（通）。

二、简答题

1. 简述热释电红外传感器定义。
2. 简述热释电红外传感器的特点。
3. 简述继电器的工作原理。

三、举例说明

1. 列举一些其他类型的热释电红外传感器及其应用领域。
2. 除了本文所阐述的热释电红外传感器与继电器进行联动控制外，列举一些我们周围生活中的继电器应用场景，并针对特定场景根据自己的理解，讲出继电器的实际应用意义。

四、编程题

请根据自己对任务 4.3 的编程理解，将基于触摸屏的继电器控制程序换一种界面设计方式，重新实现继电器控制功能。

项目 5
烟雾气体采集报警灯控制应用

📣 项目情境

在日常生活中，人们需要一个安全的环境，才能安居乐业。烟雾气体报警器可以为家人充当"保镖"，如图 5-1 所示，它时刻检测空气中有害气体的存在与否。一旦发现有害气体，可立即发出警报，并且可以与家中的排风扇或窗户联动，检测到有害气体后，触发排风扇并开启通风窗户。

图 5-1　烟雾气体报警器

🔍 学习目标

1. 知识目标
- 了解烟雾气体传感器的定义、组成及分类
- 了解烟雾气体传感器在物联网系统中的应用
- 掌握日常生活中烟雾气体传感器的使用

2. 技能目标
- 能根据应用场景，合理选择相应的烟雾气体传感器
- 能学会烟雾气体传感器数据采集
- 能利用烟雾气体传感器与报警灯进行联动报警

任务 5.1　　烟雾气体传感器数据采集

5.1.1　任务描述

当今社会，每个家庭很关心家庭住房的安全问题，通过在住房内安装烟雾气体传感器就能够检测是否在室内发生了火灾，而检测到烟雾气体的时候，报警器就会把警报信息传到物业中心，以此来帮助家庭预防火灾事情的发生。

5.1.2 任务分析

在本次实验中，物联网多功能教学演示仪上安装了一个烟雾气体传感器模块，如图 5-2 所示。通过运行 PC 端的烟雾气体检测程序，可以对当前环境烟雾气体进行检测，并将采集到的烟雾气体信息在烟雾气体检测程序界面中显示出来。

图 5-2 烟雾气体传感器模块

5.1.3 操作方法与步骤

（1）打开物联网设备电源，将 USB 线缆一端插入到如图 5-3 所示的 USB 接口中，另一端接入到 PC 端 USB 接口中。

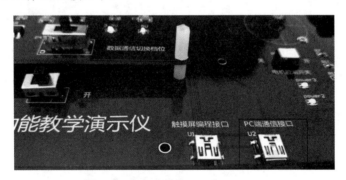

图 5-3 USB 线缆接入设备 USB 口

（2）在 PC 端中，右击"我的电脑"，出现下拉菜单，选择"设备管理器"，如图 5-4 所示。

图 5-4 打开 PC 端设备管理器

（3）打开"设备管理器"，找到"端口（COM 和 LPT）"选项，展开选项之后，出现如图 5-5 所示的设备串口，这里为 USB-SERIAL CH340（COM1），串口名称为 COM1。

图 5-5　获取设备串口名称

（4）将功能开关档位切换到 PC 端档之后，可以通过 PC 机对物联网设备进行数据采集和控制，如图 5-6 所示。

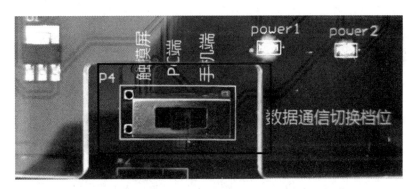

图 5-6　设备端与 PC 通信档位

（5）在 PC 端双击烟雾气体检测软件，运行烟雾气体检测程序，主界面如图 5-7 所示。

（6）根据前面所显示的串口名称，这里选择串口 COM1，点击"打开串口"按钮，这时运行界面上显示当前烟雾气体信息，如果当前环境没有烟雾气体，则显示无烟雾气体，并且显示代表无烟雾气体的黄色图片如图 5-8 所示。

（7）如果当前环境采集到有烟雾气体时，则显示有烟雾气体，并且显示代表有烟雾气体的红色图片如图 5-9 所示。

项目
5

图 5-7　运行烟雾气体检测程序

图 5-8　界面显示无烟雾气体信息

图 5-9　界面显示有烟雾气体信息

知识链接

（1）烟雾气体传感器简介。

MQ-2 气体传感器（如图 5-10 所示）所使用的气敏材料是在清洁空气中电导率较低的二氧化锡（SnO_2）。当传感器所处环境中存在可燃气体时，传感器的电导率随空气中可燃气体浓度的增加而增大。使用简单的电路即可将电导率的变化转换为与该气体浓度相对应的输出信号。MQ-2 气体传感器对液化气、丙烷、氢气的灵敏度高，对天然气和其他可燃蒸汽的检测也很理想。这种传感器可检测多种可燃性气体，是一款适合多种应用的低成本传感器。

图 5-10　MQ-2 气体传感器模块

（2）烟雾气体传感器技术参数和特性。

输入电压：DC5V。

功耗（电流）：150mA。

DO 输出：TTL 数字量 0 和 1（0.1 和 5V）。

AO 输出：0.1 ～ 0.3V（相对无污染），最高浓度电压为 4V 左右，如图 5-11 所示。

图 5-11　烟雾气体传感器引脚含义

（3）实验相关电路如图 5-12 所示。

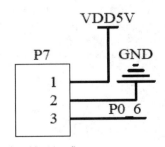

图 5-12　烟雾气体传感器电路连接

5.2.1　任务描述

细心的人们一定看到过商场室内房顶上安装的一个烟雾探测器，这就是商场消防系统的基本组成部分。商场的消防系统除了这些传感器，一般还会有警铃和消防喷淋系统，一旦检测到有烟雾，就通过警铃为人们预警，消防系统中的各种设备自动开启联动装置，如图 5-13 所示，并立即触发电器开关做出断电动作，将损失降低。

图 5-13　消防报警设备

5.2.2　任务分析

在本次实验中，物联网多功能教学演示仪上安装了一个烟雾气体传感器模块和一个照明灯（报警灯）控制模块，如图 5-14 所示。通过运行 PC 端的烟雾气体检测报警灯控制程序，可以对当前环境的烟雾气体数据进行采集，并根据采集到的烟雾气体信息进行判断，从而实现报警灯的自动开启和关闭。

图 5-14　照明灯模块

5.2.3 操作方法与步骤

（1）打开物联网设备电源，将 USB 线缆一端插入到如图 5-15 所示的 USB 接口中，另一端接入到 PC 端 USB 接口中。

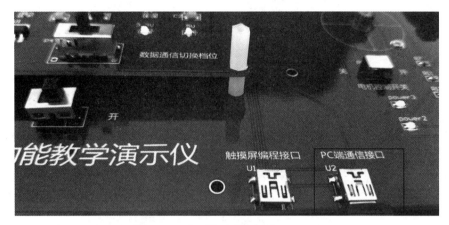

图 5-15 USB 线缆接入设备 USB 口

（2）在 PC 端中，右击"我的电脑"，出现下拉菜单，选择"设备管理器"，如图 5-16 所示。

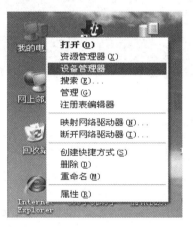

图 5-16 打开 PC 端设备管理器

（3）打开"设备管理器"，找到"端口（COM 和 LPT）"选项，展开选项之后，出现如图 5-17 所示的设备串口，这里为 USB-SERIAL CH340（COM1），串口名称为 COM1。

（4）将功能开关档位切换到 PC 端档之后，可以通过 PC 机对物联网设备进行数据采集和控制，如图 5-18 所示。

（5）在 PC 端双击烟雾气体采集控制软件，运行烟雾气体检测报警灯控制程序，主界面如图 5-19 所示。

图 5-17 获取设备串口名称

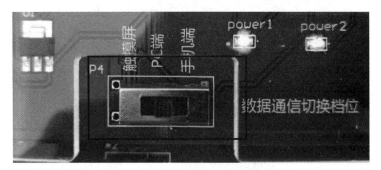

图 5-18 设备端与 PC 通信档位

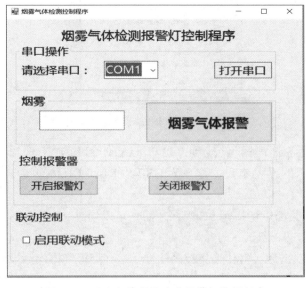

图 5-19 运行烟雾气体采集报警灯控制程序

（6）根据前面所显示的串口名称，这里选择串口 COM1，点击"打开串口"按钮，这时运行界面上显示当前的烟雾气体信息，如图 5-20 所示。

图 5-20   界面显示无烟雾气体信息

（7）当点击"开启报警灯"按钮或者"关闭报警灯"按钮之后，物联网设备的终端控制节点中的报警灯点亮或者关闭，如图 5-21 所示。

图 5-21   烟雾气体传感器和报警灯模块

（8）在联动控制项中，如图 5-22 所示，勾选"启动联动模式"复选框之后，如果当前环境没有烟雾气体，则界面显示无烟雾气体信息，报警灯关闭。

（9）如果当前环境有烟雾气体,则界面显示有烟雾气体信息,报警灯点亮,如图 5-23 所示。

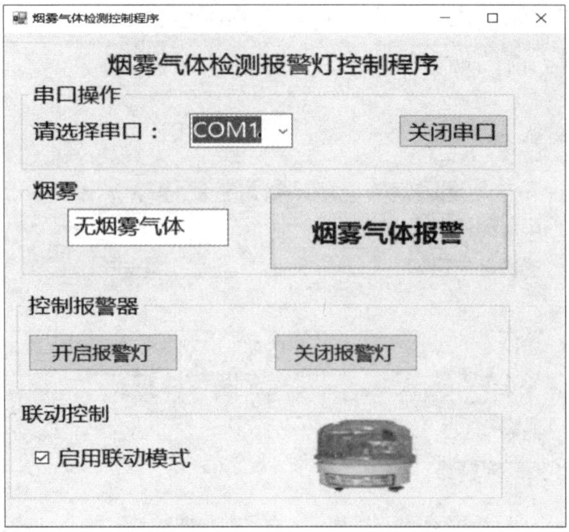

图 5-22　无烟雾气体的联动控制

图 5-23　有烟雾气体的联动控制

任务 5.3　基于触摸屏实现报警灯控制应用

5.3.1　任务描述

在智能家居环境中，当主人房门口和床头各设置一个墙装触摸屏控制面板时，只要轻松点击触控面板，就能方便地开启房间 LED 灯，并且当有烟雾气体出现时，触控面板会发出警报，以便通过警报信息争取到更多的时间进行救助。

5.3.2 任务分析

这里将利用 USART HMI 可视化开发平台对物联网多功能教学演示仪触摸屏进行用户界面设计，首先进行登录界面设计，在登录界面中输入正确的用户名和密码之后，进入报警灯控制界面，通过点击触摸屏上报警灯图片进行报警灯的控制操作，程序功能代码编写完成之后，将程序下载至设备端运行，通过设备端的触摸屏操作界面可以实现对报警灯控制操作，具体流程如图 5-24 所示。

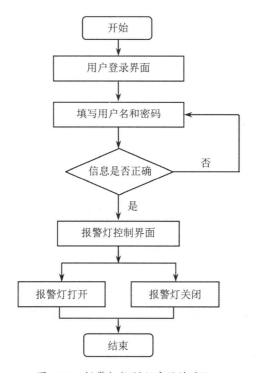

图 5-24　报警灯控制程序设计流程

5.3.3 操作方法与步骤

1．创建 HMI 触摸屏程序工程项目

（1）点击 PC 机左下角"开始"按钮，选择"程序"→ USART HMI → USART HMI，如图 5-25 所示。

（2）打开 HMI Uart 开发平台，在起始页的项目窗体界面上，选择菜单中的"文件"→"新建"，如图 5-26 所示。

（3）在"另存为"对话框中，按照项目路径保存新建项目名称，这里输入"HMI 登录报警控制程序"，点击"保存"按钮。如图 5-27 所示。

图 5-25　打开 USART HMI 开发平台

图 5-26　选择"新建"选项

图 5-27　"另存为"对话框

（4）当点击"保存"按钮之后，自动进入"设置"对话框，如图 5-28 所示。这里有设备类型选择和显示方向选择。根据实际的 HMI 串口屏的类型进行选择，这里选择3.5

寸屏的 TJC4832T035_011 选项。

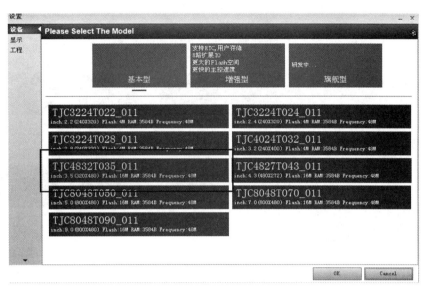

图 5-28　设置设备类型选项

（5）显示方向根据实际需要进行选择，这里选择 90 度横屏显示，如图 5-29 所示。选择完成之后，点击 OK 按钮，完成项目构建。

图 5-29　设置设备显示方向选项

2．项目图片添加

（1）在"触摸屏报警灯控制程序"的项目路径下，新建文件夹名为"素材"，然后将所需的图片拷贝进"素材"文件夹中，如图 5-30 所示。

图 5-30 添加图片素材

（2）在 HMI Uart 开发平台左下方的图片和字库的切换按钮中，选择"图片"选项，进行图片添加，如图 5-31 所示。

图 5-31 选择"图片"选项

（3）点击左边的"+"按钮，弹出"打开"对话框，如图 5-32 所示，在"触摸屏报警灯控制程序"的项目路径下，找到"素材"文件夹，打开文件夹，选择所需要的图片，选择完成之后，点击"打开"按钮。

（4）选择完成之后，在图片栏中可以显示上一步所添加的各种图片，并自动完成图片的编号，这里的编号可以在后面的控件属性中进行设定，如图 5-33 所示。

图 5-32　选择图片

图 5-33　图片添加完成

3. 项目字库制作与添加

（1）在 HMI Uart 开发平台中,选择菜单中的"工具"→"字库制作",如图 5-34 所示,进入"字库制作工具"对话框。

（2）在"字库制作工具"对话框中, 选择字高为 24, 字节字符选择宋体, 字库名称为 ziti, 点击"生成字库"按钮, 如图 5-35 所示。

（3）点击"生成字库"按钮, 出现如图 5-36 所示的对话框,文件名为 ziti, 点击"保存"按钮。

图 5-34 字库制作菜单选项

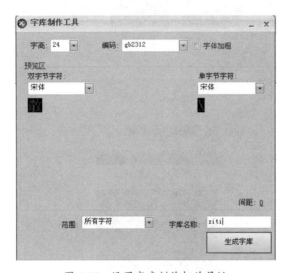

图 5-35 设置字库制作相关属性

图 5-36 保存字库文件

（4）完成之后，出现"提示"对话框，如图 5-37 所示，这里点击"是"按钮。

图 5-37　"提示"对话框

（5）完成字库添加之后，在字库栏中显示上一步新建的字库内容，如图 5-38 所示。

图 5-38　字库添加完成

4．项目界面设计

（1）登录页面图片设计。

1）双击页面 page0，进行页面重命名为 login，如图 5-39 所示。

图 5-39　页面重命名设置

2）为了能在页面中显示背景图片，这里选择页面 login，在属性栏中将 sta 属性设置为图片选项值，如图 5-40 所示。

图 5-40　页面背景 sta 属性设置

3）双击 pic 属性，出现如图 5-41 所示的"图片选择"对话框，选择编号值为 2 图片作为背景图片。

图 5-41　选择背景图片

4）完成之后，页面效果如图 5-42 所示。

图 5-42　登录页面背景效果

（2）登录页面控件设计。

1）从 HMI Uart 开发平台工具箱中选择一个文本控件 t0，然后在属性栏中将 vscope 属性设置为全局，sta 属性设置为切图，picc 属性设置为前面选择的背景图片编号 2 的图片，pco 属性设置为白色，表示字体颜色显示白色，如图 5-43 所示。

2）同理从工具箱中选择一个文本控件 t1，然后在属性栏中将 vscope 属性设置为全局，sta 属性设置为切图，picc 属性设置为前面选择的背景图片编号 2 的图片，pco 属性设置为白色，表示字体颜色显示白色，如图 5-44 所示。

图 5-43　设置 t0 文本控件属性　　　　图 5-44　设置 t1 文本控件属性

3）文本控件属性设置完成之后，出现如图 5-45 所示的页面效果。

图 5-45　login 页面文本设计效果

4）从 HMI Uart 开发平台工具箱中选择一个按钮控件 b0，然后在属性栏中将 sta 属性设置为切图，如图 5-46 所示。

图 5-46　b0 按钮控件 sta 属性设置

5）将 picc 属性设置为前面选择的背景图片编号 2 的图片，双击 picc2 属性栏，出现如图 5-47 所示的"图片选择"对话框，这里选择编号为 3 的图片，代表当按下登录按钮时，登录按钮颜色改变，如图 5-47 所示。

图 5-47　选择登录按钮图片

6）将 b0 按钮控件的 txt 属性值设置为空，当属性值设置完成之后，如图 5-48 所示。

图 5-48　设置 b0 按钮控件属性

7）同理从 HMI Uart 开发平台工具箱中选择一个按钮控件 b1，设置和 b0 按钮控件同样的属性值，如图 5-49 所示。

图 5-49　设置 b1 按钮控件属性

8）当 login 页面设计完成之后，页面效果如图 5-50 所示。

图 5-50　login 页面设计完成

（3）数字键盘页面图片设计。

为了能够在登录界面上点击用户名或者密码文本框，输入用户名和密码信息，这里需要设计一个数字键盘图片，具有操作如下：

1）在页面栏中，点击左边的 + 号按钮，新增一个页面，双击页面 page0，然后重命名页面名称为 keybd，如图 5-51 所示。

图 5-51　新增键盘页面

2）为了能在页面中显示背景键盘图片，这里在属性栏中将 sta 属性设置为图片选项值，pic 属性选择编号为 8 的键盘图片，如图 5-52 所示。

图 5-52　设置 keybd 页面的属性

3）设置完成之后，keybd 页面的设计效果如图 5-53 所示。

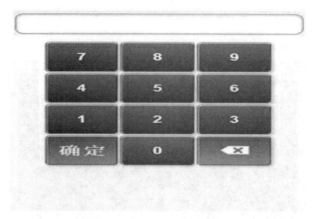

图 5-53　keybd 页面的设计效果

（4）数字键盘控件功能设计。

1）从 HMI Uart 开发平台工具箱中选择一个文本控件 t0，然后在属性栏中将 vscope 属性设置为全局，sta 属性设置为切图，picc 属性设置为前面选择的键盘图片编号 8 的图片，txt 属性设置为空，如图 5-54 所示。

图 5-54　设置 t0 文本控件属性

2）t0 文本控件设置完成之后，页面效果如图 5-55 所示。

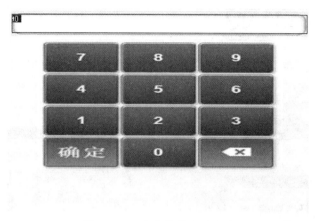

图 5-55　t0 文本控件设计效果

3）从 HMI Uart 开发平台工具箱中选择一个按钮控件 b0，然后在属性栏中将 sta 属性设置为切图，如图 5-56 所示。

图 5-56　b0 按钮控件 sta 属性设置

4）将 picc 属性设置为前面选择的背景图片编号 8 的图片，双击 picc2 属性栏，出现如图 5-57 所示的"图片选择"对话框，这里选择编号为 9 的图片，代表当按下数字按钮 0 时，数字按钮颜色发生改变，如图 5-57 所示。

5）当 b0 按钮控件的相关属性设置完成之后，如图 5-58 所示，

6）当 b0 按钮控件设置完成之后，keybd 页面的设计效果如图 5-59 所示。

7）同理按照前面添加 b0 按钮控件的操作步骤，完成其他所有 b1 ～ b11 按钮控件的属性设置，所有按钮控件设置完成之后，页面 keybd 的设计效果如图 5-60 所示。

图 5-57　选择按钮图片　　　　　　　图 5-58　b0 按钮控件属性设置

图 5-59　b0 按钮控件设计效果

图 5-60　keybd 页面的设计效果

8）从 HMI Uart 开发平台工具箱中选择一个变量控件 va0，然后在属性栏中将 vscope 属性设置为全局属性，如图 5-61 所示。

图 5-61　设置 va0 变量控件属性

（5）初始密码页面图片设计。

为了能够在登录界面上点击"初始密码"按钮，显示初始用户名和密码信息，这里需要设计一个初始密码图片页面，具体操作如下：

1）在页面栏中，点击左边的 + 号按钮，新增一个页面，双击页面 page0，然后重命名页面名称为 init，如图 5-62 所示。

2）为了能在页面中显示初始密码背景图片，这里在属性栏中将 sta 属性设置为图片选项值，pic 属性选择编号为 8 的键盘图片，如图 5-63 所示。

图 5-62　新增初始密码页面

图 5-63　设置 init 页面的属性

3）设置完成之后，init 页面的设计效果如图 5-64 所示。

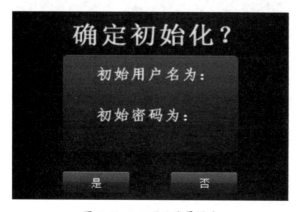

图 5-64　init 页面背景图片

（6）初始密码页面控件设计。

1）从 HMI Uart 开发平台工具箱中选择一个文本控件 t0，然后在属性栏中将 vscope 属性设置为全局，sta 属性设置为切图，picc 属性设置为前面选择的背景图片编号 6 的图片，pco 属性设置白色，表示字体颜色显示白色，txt 属性设置为 123，代码用户名为 123，如图 5-65 所示。

图 5-65　设置 t0 文本控件属性

2）同理从工具箱中选择一个文本控件 t1，属性设置和 t0 文本控件一样，文本控件属性设置完成之后，出现如图 5-66 所示的页面效果。

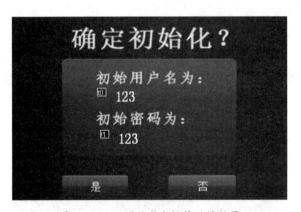

图 5-66　init 页面文本控件设计效果

3）从 HMI Uart 开发平台工具箱中选择一个按钮控件 b0，然后在属性栏中将 sta 属性设置为切图，将 picc 属性设置为前面选择的背景图片编号 6 的图片，双击 picc2 属性栏，选择编号为 7 的图片，代表当按下"是"按钮时，按钮颜色发生改变，如图 5-67 所示。

4）通过添加另一个 b1 按钮控件，b1 属性设置和 b0 按钮控件属性相同，设置完成之后，init 页面效果如图 5-68 所示。

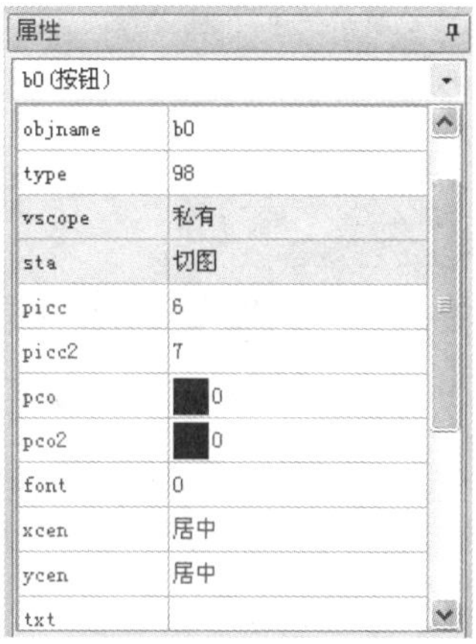

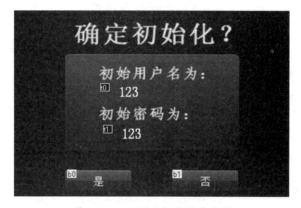

图 5-67 b0 按钮控件属性设置

确定初始化？

初始用户名为：
t0 123

初始密码为：
t1 123

b0 是   b1 否

图 5-68 init 页面控件设计效果

（7）密码错误提示页面设计。

当输入的用户名和密码有错误时，将出现信息提示框，这里需要设计一个密码错误图片页面，具有操作如下：

1）在页面栏中，点击左边的 + 号按钮，新增一个页面，双击页面 page0，然后重命名页面名称为 fail，如图 5-69 所示。

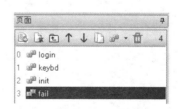

图 5-69 新增密码错误提示页面

2）为了能在页面中显示密码错误提示背景图片，这里在属性栏中将 sta 属性设置为图片选项值，pic 属性选择编号为 4 的键盘图片，如图 5-70 所示。

图 5-70　设置 fail 页面的属性

3）从 HMI Uart 开发平台工具箱中选择一个按钮控件 b0，然后在属性栏中将 sta 属性设置为切图，将 picc 属性设置为前面选择的背景图片编号 4 的图片，双击 picc2 属性栏，选择编号为 5 的图片，代表当按下"请重新输入"按钮时，按钮颜色发生改变，如图 5-71 所示。

图 5-71　密码提示错误页面控件属性设置

4）设置完成之后，fail 页面的设计效果如图 5-72 所示。

图 5-72　fail 页面背景图片

（8）报警灯控制页面设计。

当输入的用户名和密码有正确时，将成功进入报警灯控制页面，这里需要设计一个报警灯控制页面，具有操作如下：

1）在页面栏中，点击左边的＋号按钮，新增一个页面，双击页面 page0，然后重命名页面名称为 main，如图 5-73 所示。

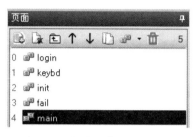

图 5-73　新增报警灯控制页面

2）从 HMI Uart 开发平台工具箱中选择一个文本控件 t0，然后在属性栏中将 font 字体属性设置为 0，表示选择字高为 24 的字库字体，txt_maxl 属性值为 20，txt 属性设置为 "报警灯控制程序"，如图 5-74 所示。

3）从 HMI Uart 开发平台工具箱中选择一个双态按钮控件 bt0，然后将 sta 属性设置为图片，pic0 属性设置图片编号为 0，代表报警灯关状态，pic1 属性设置图片编号为 1，代表报警灯开状态，如图 5-75 所示。

图 5-74　设置 t0 文本控件属性

图 5-75　双态按钮 bt0 属性设置

4）同理添加一个文本控件和一个按钮控件，属性设置完成之后，页面效果如图 5-76 所示。

项目
5

图 5-76 报警灯控制页面

5. 项目功能实现

（1）登录页面功能实现。

1）选择登录页面 t0 控件，然后在弹起事件中输入相关功能代码：

```
keybd.t0.txt=""   //清空键盘输入框
keybd.va0.val=0   //全局变量赋值用来做判断
page keybd   //返回键盘页面
```

2）输入完成功能代码之后，页面效果如图 5-77 所示。

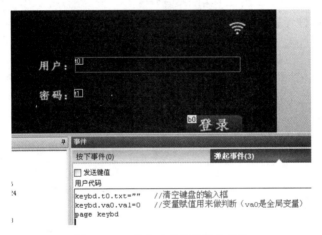

图 5-77 t0 控件功能代码页面效果

3）选择登录页面 t1 控件，然后在弹起事件中输入相关功能代码：

```
keybd.t0.txt=""   //清空键盘输入框
keybd.va0.val=1   //全局变量赋值用来做判断
page keybd   //返回键盘页面
```

4）选择登录页面 b0 按钮控件，然后在弹起事件中输入相关功能代码：

```
if(init.t0.txt==t0.txt)//用户名判断
{
 if(init.t1.txt==t1.txt)//密码判断
 {
   page main  //进入登录页面
 }else
```

```
   {
    page fail   // 进入错误提示页面
   }
}else
{
  page fail  // 进入错误提示页面
}
```

5）选择登录页面 b1 按钮控件，然后在弹起事件中输入相关功能代码：

```
page  init // 进入初始密码信息页面
```

（2）keybd 键盘页面功能实现。

1）选择键盘页面 b0 按钮控件，然后在弹起事件中输入相关功能代码：

```
t0.txt=t0.txt+"0"
```

2）同理分别选择键盘数字 1～9 按钮控件，然后在各自弹起事件中输入相关功能代码：

```
t0.txt=t0.txt+"1"
t0.txt=t0.txt+"2"
t0.txt=t0.txt+"3"
t0.txt=t0.txt+"4"
t0.txt=t0.txt+"5"
t0.txt=t0.txt+"6"
t0.txt=t0.txt+"7"
t0.txt=t0.txt+"8"
t0.txt=t0.txt+"9"
```

3）选择键盘 X 按钮控件，然后在弹起事件中输入相关功能代码：

```
t0.txt=t0.txt-1
```

4）选择键盘"确定"按钮控件，然后在弹起事件中输入相关功能代码：

```
if(va0.val==0)
{
 login.t0.txt=t0.txt  //login 页面的 t0 的 vscope 属性要设置为全局
}
if(va0.val==1)
{
 login.t1.txt=t0.txt  //login 页面的 t1 的 vscope 属性要设置为全局

}
page login
```

（3）init 密码初始页面功能实现。

1）选择"是"按钮控件，然后在弹起事件中输入相关功能代码：

```
page login
```

2）选择"否"按钮控件，然后在弹起事件中输入相关功能代码：

```
page login
```

（4）fail 密码错误提示页面功能实现。选择"请重新输入"按钮控件，然后在弹起事件中输入相关功能代码：

```
login.t0.txt=""// 清除登录页面登陆信息
login.t1.txt=""
page login
```

（5）报警灯控制页面功能实现。选择 bt0 双态按钮控件之后，在弹起事件栏中输入相关功能代码：

```
if(bt0.val==0)
{
 prints "227",0
 t1.txt=" 报警灯关 "
}else
{
 prints "227",0
 t1.txt=" 报警灯开 "
}
```

（6）功能代码编写完成之后，点击"编译"按钮，如果编译正确，显示如图 5-78 所示信息。

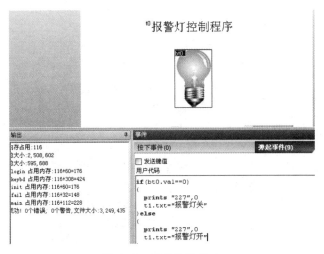

图 5-78　程序编译成功

6. 项目下载至触摸屏中

（1）打开物联网设备电源，将 USB 线缆一端插入到如图 5-79 所示的触摸屏 USB 接口中，另一端接入到 PC 端 USB 接口中。

图 5-79　USB 线缆接入设备触摸屏 USB 口

（2）在 PC 端中，右击"我的电脑"，出现下拉菜单，选择"设备管理器"，如图 5-80 所示。

图 5-80　打开 PC 端设备管理器

（3）打开"设备管理器"，找到"端口（COM 和 LPT）"选项，展开选项之后，出现如图 5-81 所示的设备串口，这里为 USB-SERIAL CH340（COM1），串口名称为 COM1。

图 5-81　获取设备串口名称

（4）将功能开关档位切换到触摸屏档之后，可以将 PC 端的触摸屏程序下载至物联网设备的触摸屏中，如图 5-82 所示。

（5）点击 HMI 开发平台中的"下载"选项，能够将 PC 端触摸屏程序下载至物联网平台的触摸屏中，如图 5-83 所示。

（6）点击"下载"选项之后，出现如图 5-84 所示的对话框信息，表示 PC 机和触摸屏连接成功，开始下载程序。

图 5-82　设备端与 PC 端通信档位

图 5-83　点击程序下载选项

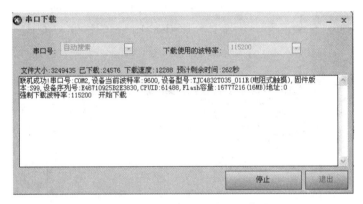

图 5-84　程序开始下载设备端信息提示

（7）当显示如图 5-85 所示对话框信息时，表示程序已下载至触摸屏设备完毕。

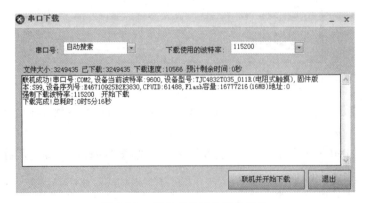

图 5-85　程序下载完成信息提示

（8）程序运行之后，点击触摸屏上的程序功能按钮，可以输入用户名 123 和密码 123，如图 5-86 所示。

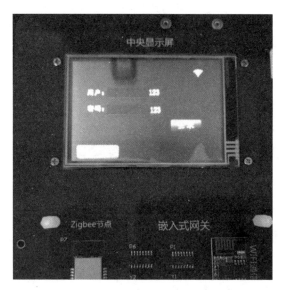

图 5-86　触摸屏输入用户名和密码

（9）当用户名和密码输入正确之后，点击"登录按钮"，进入如图 5-87 所示的报警灯控制界面，这时可以通过触摸屏控制报警灯的打开和关闭。

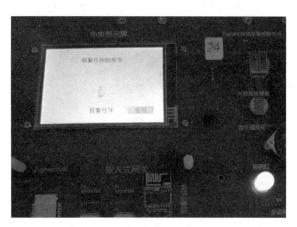

图 5-87　触摸屏控制报警灯

思考与练习

一、填空题

1. MQ- 2 气体传感器所使用的气敏材料是在清洁空气中电导率较低的 _____。

2．当 MQ-2 气体传感器所处环境中存在 _____ 气体时，传感器的 _____ 随空气中可燃气体浓度的增加而 _____。

3．使用简单的电路即可将电导率的变化转换为与该气体浓度相对应的 _____。

4．蜂鸣器主要分为 _____ 蜂鸣器和 _____ 蜂鸣器两种类型。

5．压电式蜂鸣器主要由 _____、_____、_____ 及共鸣箱、外壳等组成。

二、简答题

1．简述 MQ-2 气体传感器特点。

2．简述有源蜂鸣器和无源蜂鸣器的区别。

3．简述电磁式蜂鸣器的工作原理。

三、举例说明

1．列举一些其他类型的烟雾气体传感器及应用领域。

2．除了本文所阐述的烟雾气体传感器与蜂鸣器进行联动控制外，列举一些我们周围生活中的蜂鸣器应用场景，并针对特定场景根据自己的理解，讲出蜂鸣器的实际应用意义。

四、编程题

请根据自己对任务 5.3 的编程理解，将基于触摸屏的报警器和 LED 灯控制程序换一种界面设计方式，重新实现报警器和 LED 灯控制功能。

项目 6
智能音乐无线播放控制应用

项目情境

近年来，随着生活水平的提高，人们对家的期望不仅仅是追求宽敞、舒适、美观，还期望处处充满艺术的氛围。当下班后回到家里，躺在宽大舒适的沙发上，一曲莫扎特的小夜曲如梦如幻，飘然回荡在耳旁，疲惫的身体会不由自主地放松下来，紧张的神经得以舒展，犹如品一杯香茗，心境怡然。这就是智能音乐系统带来的美妙生活，每个家庭可以根据自身需要选择理想的音乐家居模式，家中随处飘扬着优美的旋律，让音乐伴随我们的左右，可以塑造气质，提升品位，陶冶情操，营造浪漫、温馨、轻松、愉悦、和谐的家庭生活环境，如图 6-1 所示。

图 6-1　家庭智能音乐播放

学习目标

1. 知识目标
   - 了解智能家居音乐播放系统的定义、组成及分类
   - 了解智能家居音乐播放系统在物联网领域中的应用
   - 掌握智能家居音乐播放系统的使用

2. 技能目标
   - 能根据应用场景，合理选择智能音乐播放系统
   - 能学会利用 MP3 音乐播放模块进行音乐播放控制
   - 能掌握触摸屏音乐播放控制系统的设计

6.1.1　任务描述

目前在很多语音提示的场合，或者一些音乐播放的场合，要求比较高的音质，这样串口 MP3 音乐播放模块就应运而生，如图 6-2 所示。MP3 音乐播放模块非常适合应用在高要求的语音提示场合和播放音乐的场合，它具有控制方便、音质好、性能稳定等优点，通常应用在电力、通信、金融营业厅、火车站以及汽车站安全检查语音提示等场合，实现自动广播和定时播报。

图 6-2　MP3 音乐播放模块

6.1.2　任务分析

在本次实验中，物联网多功能教学演示仪上安装了一个 MP3 音乐播放模块，如图 6-3 所示。通过运行 PC 端的串口调试工具程序，可以对 MP3 音乐播放模块进行歌曲的播放、停止、上一首、下一首以及音量的调节控制。

图 6-3　MP3 音乐播放模块

项目 6

6.1.3　操作方法与步骤

（1）打开物联网设备电源，将 USB 线缆一端插入到如图 6-4 所示的 USB 接口中，另一端接入到 PC 端 USB 接口中。

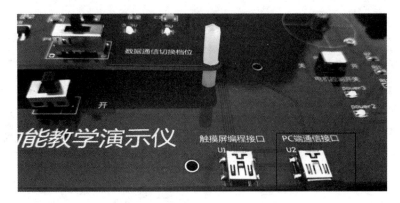

图 6-4　USB 线缆接入设备 USB 口

（2）在 PC 端中，右击"我的电脑"，出现下拉菜单，选择"设备管理器"，如图 6-5 所示。

图 6-5　打开 PC 端设备管理器

（3）打开"设备管理器"，找到"端口（COM 和 LPT）"选项，展开选项之后，出现如图 6-6 所示的设备串口，这里为 USB-SERIAL CH340（COM1），串口名称为 COM1。

（4）将功能开关档位切换到 PC 端档之后，可以通过 PC 机对物联网设备中的音乐模块机进行控制，如图 6-7 所示。

（5）音乐无线控制。

1）打开串口调试助手，设置波特率为 9600，校验位为无，数据位为 8 位，停止位为 1 位，然后打开串口，成功打开串口之后，选择十六进制发送，发送十六进制数值 FD0201DF，点击"手动发送"按钮，如图 6-8 所示。

图 6-6   获取设备串口名称

图 6-7   设备端与 PC 通信档位

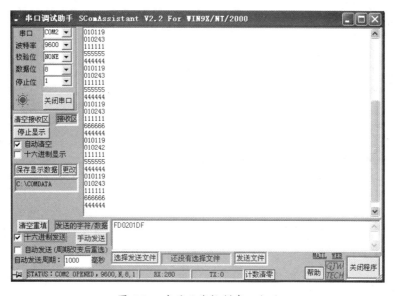

图 6-8   音乐无线控制串口发送

2）通过 PC 端串口工具发送 FD0201DF 十六进制数值之后，这时物联网多功能教学演示仪通过无线传感网络接收到 FD0201DF 十六进制数值，实现对 MP3 音乐播放模块的控制，如图 6-9 所示。

图 6-9　设备端反馈数据信息

3）同理按照音乐播放控制步骤，可以发送音乐暂停、音乐停止、上一首歌曲、下一首歌曲以及设置高音、中音和低音等指令，具体指令如下：

FD 02 01 DF // 播放
FD 02 02 DF // 暂停
FD 02 0E DF // 停止
FD 02 03 DF // 下一首
FD 02 04 DF // 上一首
FD 03 31 1E DF // 设置高音
FD 03 31 0F DF // 设置中音
FD 03 31 05 DF // 设置低音

任务 6.2　音乐播放 PC 端程序控制应用

6.2.1　任务描述

在家庭影院中，由于人距离音箱的距离、角度不同，会导致我们收听的音乐响度不一样，如果我们在家庭影院系统中加入一个超声波测距模块，那么音响系统就可以根据距离不同，自动调整音箱音量大小，让听音乐的人感觉不到因为距离的变化而产生的音量差异。

6.2.2　任务分析

在本次实验中，物联网实验实训设备上安装了一个超声波测距模块及音乐播放模块，通过运行 PC 端的超声波测距播报控制程序，可以对障碍物的距离进行实时测量，并根据采集到的距离信息进行判断，从而实现距离变换自动控制音乐播放的功能。

6.2.3　操作方法与步骤

（1）打开物联网设备电源，将 USB 线缆一端插入到如图 6-10 所示的 USB 接口中，另一端接入到 PC 端 USB 接口中。

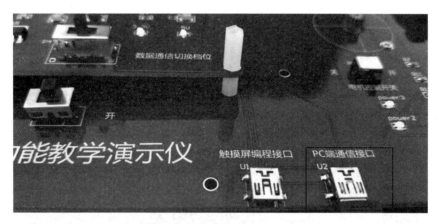

图 6-10　USB 线缆接入设备 USB 口

（2）在 PC 端中，右击"我的电脑"，出现下拉菜单，选择"设备管理器"，如图 6-11 所示。

图 6-11　打开 PC 端设备管理器

（3）打开"设备管理器"，找到"端口（COM 和 LPT）"选项，展开选项之后，出现如图 6-12 所示的设备串口，这里为 USB-SERIAL CH340（COM1），串口名称为 COM1。

项目
6

图 6-12　获取设备串口名称

（4）将功能开关档位切换到 PC 端档之后，可以通过 PC 机上位机程序对物联网设备进行音乐控制，如图 6-13 所示。

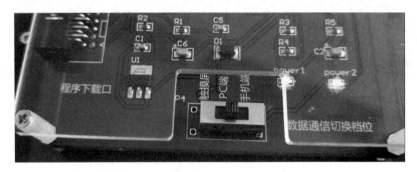

图 6-13　设备端与 PC 通信档位

（5）在 PC 端双击音乐播放控制软件，运行音乐无线播放控制程序，主界面如图 6-14 所示。

图 6-14　音乐无线播放控制程序初始界面

（6）根据前面所显示的串口名称，这里选择串口 COM2 口，点击"串口打开"按钮，这时可以点击功能按钮，实现音乐的无线播放控制操作，如图 6-15 所示。

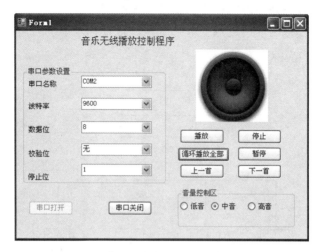

图 6-15　音乐无线播放控制程序运行界面

任务 6.3　　基于触摸屏实现音乐无线播放控制应用

6.3.1　任务描述

通过设置智能背景音乐面板，可开启和关闭背景音乐，如图 6-16 所示。智能背景音乐系统让居室内的每个角落都自由地飞扬着精致、曼妙的音乐，让劳累一天的主人及家人瞬间忘记工作与学习的辛劳，充分融入到优美音乐的纯真意境，尽情享受家的温馨与快乐。

图 6-16　智能背景音乐面板

6.3.2 任务分析

在本次实验任务中,利用 USART HMI 可视化开发平台对触摸屏进行用户界面设计,并进行简单的功能代码开发,实现音乐播放、暂停与停止,前一首和下一首歌曲播放以及音量的调节,模拟用户通过触摸屏控制家庭背景音乐系统的功能,软件功能模块设计流程图如图 6-17 所示。

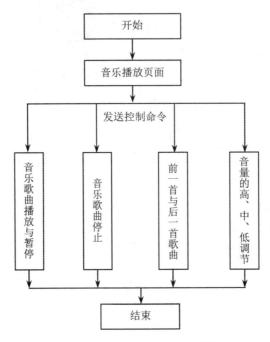

图 6-17　音乐控制功能流程图

6.3.3 操作方法与步骤

1. 创建 HMI 触摸屏程序工程项目

（1）打开 USART HMI 开发平台,如图 6-18 所示,在起始页的项目窗体界面上,选择菜单中的"文件"→"新建",如图 6-19 所示。

（2）在"另存为"对话框中,按照项目路径保存新建项目名称,这里输入"HMI 音乐播放控制程序",点击"保存"按钮,如图 6-20 所示。

（3）当点击"保存"按钮之后,自动进入"设置"对话框,如图 6-21 所示。这里有设备类型选择和显示方向选择。根据实际的 HMI 串口屏的类型进行选择,这里选择 3.5 寸屏的 TJC4832T035_011 选项。

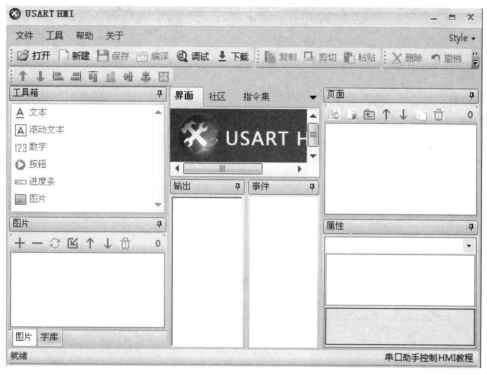

图 6-18 打开 USART HMI 开发平台

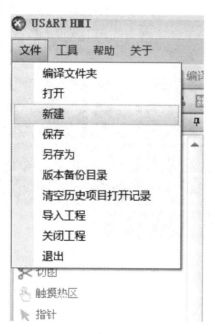

图 6-19 选择"新建"选项

图 6-20　"另存为"对话框

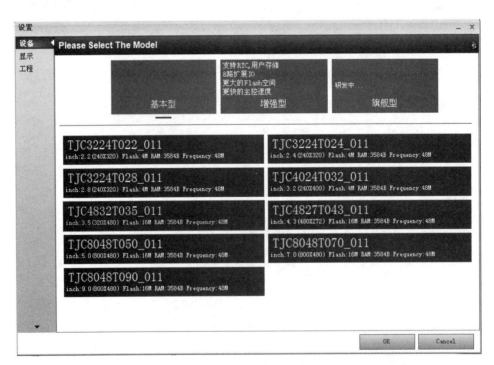

图 6-21　设置设备类型选项

（4）显示方向根据实际需要进行选择，这里选择 90 度横屏显示，如图 6-22 所示。选择完成之后，点击 OK 按钮，完成项目构建。

图 6-22　设置设备显示方向选项

2. 项目图片添加

（1）在"触摸屏音乐无线控制程序"的项目路径下，新建文件夹名为"素材"，然后将所需的图片拷贝进"素材"文件夹中，如图 6-23 所示。

图 6-23　添加图片素材

（2）在 USART HMI 开发平台左下方的图片和字库的切换按钮中，选择"图片"选项，进行图片添加，如图 6-24 所示。

图 6-24　选择"图片"选项

（3）点击左边的"+"按钮，弹出"打开"对话框，如图 6-25 所示，在"触摸屏音乐无线控制程序"的项目路径下，打开"素材"文件夹，选择所需要的图片，选择完成之后，点击"打开"按钮。

图 6-25　选择图片

（4）选择完成之后，在图片栏中可以显示上一步所添加的各种图片，并自动完成图片的编号，这里的编号可以在后面的控件属性中进行设定，如图 6-26 所示。

3. 项目字库制作与添加

（1）在 HMI Uart 开发平台中，选择菜单中的"工具"→"字库制作"，如图 6-27 所示，进入"字库制作"对话框。

（2）在字库制作工具对话框中，选择字高为 40，字体加粗，汉字可以选择宋体，字母选择 Arial，字库名称为 ziti，点击"生成字库"按钮，如图 6-28 所示。

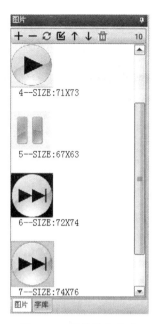

图 6-26　图片添加完成

图 6-27　字库制作菜单选项

图 6-28　设置字库制作相关属性

（3）点击"生成字库"按钮，出现如图 6-29 所示的对话框，文件名为 ziti，点击"保存"按钮。

图 6-29 保存字库文件

（4）完成之后，出现"提示"对话框，如图 6-30 所示，这里点击"是"按钮。

图 6-30 "提示"对话框

（5）完成字库添加之后，在字库栏中显示上一步新建的字库内容，如图 6-31 所示。

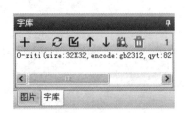

图 6-31 字库添加完成

4. 项目界面设计

（1）为了能在页面中显示背景颜色，这里选择页面 page0，在属性栏中将 sta 属性设置为单色选项值，如图 6-32 所示。

图 6-32 页面背景 sta 属性设置

（2）从 HMI Uart 开发平台工具箱中选择文本控件，然后在属性栏中将 txt-maxl 属性设置为 20，txt 属性设置为"音乐播放无线控制程序"，宽度 w 和高度 h 分别设置为 320 和 50，如图 6-33 所示。

图 6-33 设置文本属性

（3）文本控件属性设置完成之后，出现如图 6-34 所示的页面效果。

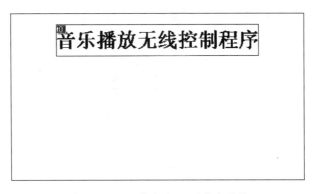

图 6-34 页面字高为 32 的文本效果

（4）在 HMI Uart 开发平台工具箱中点击一次双态按钮控件，添加一个双态按钮控件 bt0 进入页面，将双态按钮的 sta 属性设置为图片，同时将 bt0 按钮控件 pic0 属性设置为显示的图片编号 4，如图 6-35 所示。

（5）选择完图片之后，同理将 pic1 的图片编号设置为 5，同时 txt 属性值设置为空，如图 6-36 所示。

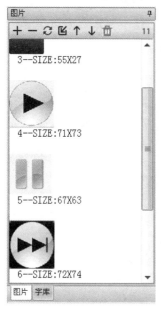

图 6-35　选择编号 4 图片

图 6-36　双态按钮状态 0 的属性设置

（6）按照前面同样操作步骤，完成其他五个双态按钮的属性设置，完成之后的界面效果如图 6-37 所示。

图 6-37　界面整体布局

（7）按照前面添加字库的方法，添加字高为 16 的字库字体，如图 6-38 所示。

（8）从 HMI Uart 开发平台工具箱中选择一个文本控件，然后在属性栏中将 font 字体属性设置为 1，表示选择字高为 16 的字库字体，txt 属性设置为"播放"，如图 6-39 所示。

图 6-38 添加字高为 16 字库字体

图 6-39 设置字库和文本属性

（9）按照同样的步骤选择其他五个文本控件，然后在属性栏中将 font 字体属性设置为 1，表示选择字高为 16 的字库字体，txt 属性设置为指定内容，如图 6-40 所示。

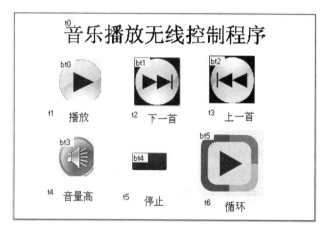

图 6-40 设置字库和文本属性

5. 触摸屏音乐无线控制程序功能实现

（1）播放及暂停控制功能实现。选择 bt0 双态按钮控件，然后在弹起事件中，填写如下代码：

```
if(bt0.val==0)
{
t1.txt=" 播放 "
printh FD 02 02 DF
}else
{
t1.txt=" 暂停 "
printh FD 02 01 DF
}
```

（2）上一首歌曲控制功能实现。选择 bt2 双态按钮控件，然后在弹起事件中，填写如下代码：

```
printh FD 02 04 DF
```

（3）下一首歌曲控制功能实现。选择 bt1 双态按钮控件，然后在弹起事件中，填写如下代码：

```
printh FD 02 03 DF
```

（4）音量控制功能实现。选择 bt3 双态按钮控件，然后在弹起事件中，填写如下代码：

```
if(bt3.val==0)
{
printh FD 03 31 1E DF
t4.txt="音量高"
}else
{
t4.txt="音量低"
printh FD 03 31 0F DF
}
```

（5）歌曲循环播放控制功能实现。选择 bt5 双态按钮控件，然后在弹起事件中，填写如下代码：

```
printh FD 03 33 00 DF
```

（6）歌曲停止控制功能实现。选择 bt4 双态按钮控件，然后在弹起事件中，填写如下代码：

```
printh FD 02 0E DF
```

启动界面程序运行效果如图 6-41 所示。

图 6-41　音乐无线控制程序运行效果

6. 项目下载至触摸屏中

（1）打开物联网设备电源，将 USB 线缆一端插入到如图 6-42 所示的触摸屏 USB 接口中，另一端接入到 PC 端 USB 接口中。

（2）在 PC 端中，右击"我的电脑"，出现下拉菜单，选择"设备管理器"，如图 6-43 所示。

（3）打开"设备管理器"，找到"端口（COM 和 LPT）"选项，展开选项之后，出现如图 6-44 所示的设备串口，这里为 USB-SERIAL CH340（COM1），串口名称为 COM1。

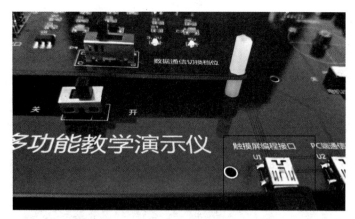

图 6-42　USB 线缆接入设备触摸屏 USB 口

图 6-43　打开 PC 端设备管理器

图 6-44　获取设备串口名称

（4）将功能开关档位切换到触摸屏档之后，可以将 PC 端的触摸屏程序下载至物联网设备的触摸屏中，如图 6-45 所示。

图 6-45　设备端与 PC 端通信档位

（5）点击 HMI 开发平台中的"下载"选项，能够将 PC 端触摸屏程序下载至物联网多功能教学演示仪的触摸屏中，如图 6-46 所示。

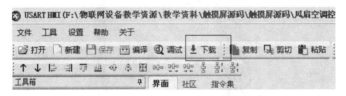

图 6-46　点击程序下载选项

（6）点击"下载"选项之后，出现如图 6-47 所示的对话框信息，表示 PC 机和触摸屏连接成功，开始下载程序。

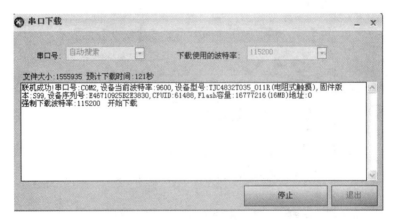

图 6-47　程序开始下载设备端信息提示

（7）当显示如图 6-48 所示对话框信息时，表示程序下载至触摸屏完毕。

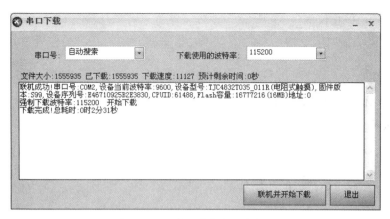

图 6-48　程序下载完成信息提示

（8）程序运行之后，点击触摸屏上的图片按钮，如图 6-49 所示，这时可以控制物联网多功能教学演示仪中的音乐播放模块。

图 6-49　触摸屏音乐播放控制

思考与练习

一、填空题

1. 串口调试工具打开之后，波特率设置为 _____，数据位为 _____，校验

位为 _____，停止位为 _____。

2. 音乐模块播放指令为 _____，停止指令为 _____，暂停指令为 _____。

二、简答题

1. 简述 MP3 音乐播放模块的特点。

2. 简述串口通信控制音乐播放通信流程。

三、举例说明

列举一些无线音乐播放的应用场景。

四、编程题

请根据自己对任务 6.3 的编程理解，将基于触摸屏的音乐播放控制程序换一种界面设计方式，重新实现音乐播放控制功能。

项目 7
物联网无线通信应用

项目7

项目情境

当前很多家庭对智能家居产品很感兴趣，希望将家中的各种设备（如照明系统、窗帘控制、空调控制、音乐控制等）通过 Wi-Fi 网络和 Zigbee 网络连接在一起，能够进行无线控制，实现一个更加舒适的居住环境。本项目让我们了解 Wi-Fi 网络和 Zigbee 网络的通信方式，掌握 Wi-Fi 网络和 Zigbee 网络的使用，能根据应用场景，合理选择物联网无线通信方式。

学习目标

1. 知识目标

- 了解物联网无线通信方式的分类及特性
- 了解物联网无线通信传输原理
- 掌握常用物联网无线通信方式的使用

2. 技能目标

- 能根据应用场景，合理选择物联网无线通信方式
- 能使用 Wi-Fi 方式进行无线通信数据的传输

任务 7.1　基于 Wi-Fi 的 TCP 局域网通信控制应用

7.1.1　任务描述

随着科技进步，很多嵌入式设备使用以太网接口实现数据传输。由于有线方式需布线、使用不灵活等问题，采用 Wi-Fi 模块实现无线通信成为很多嵌入式设备完成数据传输的首选。一般将 Wi-Fi 模块通过串口与电脑或者其他智能设备进行 TCP 通信连接，这种 TCP 是面向连接的一种可靠协议，在基于 TCP 进行通信时，通信双方需要先建立一个 TCP 连接，建立连接需要经过三次"握手"，"握手"成功才可以进行通信，实现数据双向通信。

7.1.2　任务分析

在本次实验中，物联网实验实训设备上安装了嵌入式智能网关，其中智能网关包括 Wi-Fi 模块，它可以通过网页配置作为 AP 热点和 STA 客户端共存的通信模式，这样 PC 机或者手机可以作为客户端连接具有 AP 热点的智能网关，实现 TCP 局域网内的数据采集和设备控制。

7.1.3　操作方法与步骤

1. Wi-Fi 模块网络参数配置

（1）打开物联网设备电源，中央通信处理模块中的 Wi-Fi 模块可以根据相应的参

数进行设置，作为 AP 热点组建局域网，或者作为 STA 客户端模式连接路由器，从而通过互联网实现远程采集和控制，如图 7-1 所示。

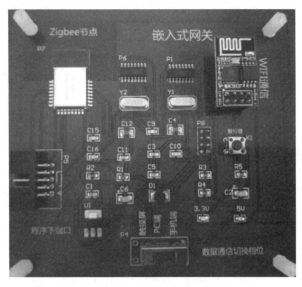

图 7-1　嵌入式智能网关

（2）将功能开关档位切换到手机端档之后，Wi-Fi 模块可以将接收到的控制命令转发到 Zigbee 的各个节点上，从而执行相应控制操作，同时也将传感器采集的数据信息通过 Wi-Fi 模块无线发送至 PC 端或者移动设备端，从而无线接收各种采集数据，如图 7-2 所示。

图 7-2　设备端与安卓移动端通信档位

（3）打开 PC 端电脑无线网络通信功能，找到物联网设备 Wi-Fi 模块的热点，这里名称为 CYWL001，然后点击"连接"按钮，如图 7-3 所示，Wi-Fi 模块的热点已连接成功。

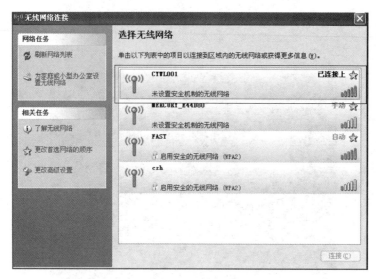

图 7-3　PC 端连接 Wi-Fi 模块热点

（4）打开 PC 端浏览器，输入 http://192.168.4.1，显示如图 7-4 所示的 Wi-Fi 模块网络参数配置界面。

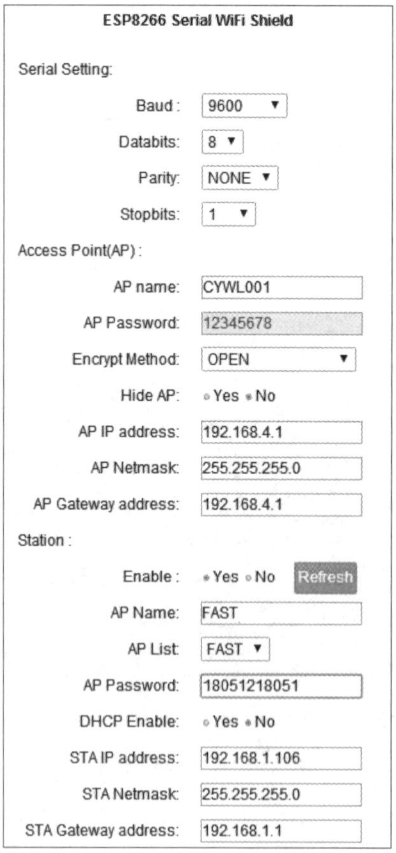

图 7-4　Wi-Fi 模块网络参数配置界面

（5）这里设置 AP 名称为 CYWL001，密码可以设置任意数值，加密方式为 OPEN，表示连接 Wi-Fi 模块无需安全设置，AP 热点的 IP 地址为 192.168.4.1，如图 7-5 所示。

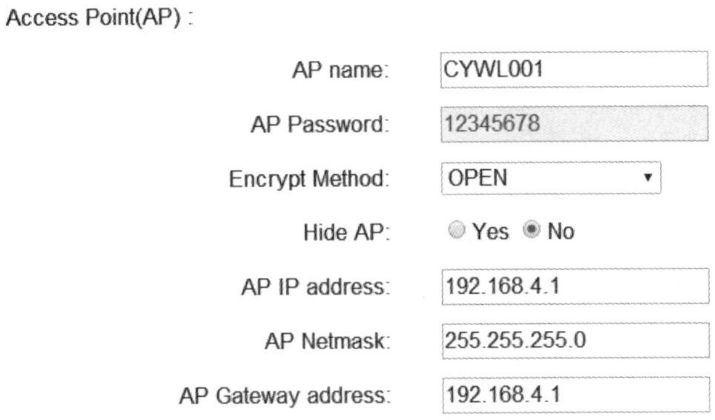

图 7-5　网络 AP 热点参数设置

（6）这里 Socket Type 项选择 Server，传输类型 Transport Type 项选择 TCP ，表示网络通信采用 TCP Server 服务器方式进行通信，本地监听端口号设为 8002，点击 Submit 按钮，如图 7-6 所示。

图 7-6　TcpServer 通信方式设置

（7）当出现如图 7-7 所示的对话框时，表示 Wi-Fi 模块通过重启之后，参数配置才能生效。

图 7-7　Wi-Fi 模块参数配置重启

2. 基于 PC 端进行 TCP 客户端连接 Wi-Fi 模块通信

（1）找到 PC 端中的 TCP 调试助手软件，如图 7-8 所示。

图 7-8　打开 TCP 调试助手软件

（2）双击 TCP 调试助手软件，运行 TCP 调试助手程序，选择通信模式为 TCP Client，远程主机 IP 地址为前面 Wi-Fi 模块设置的 IP 地址 192.168.4.1，端口号也为前面 Wi-Fi 模块设置的端口号 8002，如图 7-9 所示。

图 7-9　PC 机客户端连接参数配置

（3）点击"连接网络"按钮，如果连接 Wi-Fi 模块成功，则会周期性地接收传感器发送过来的各种采集数据，如温湿度、超声波测距等数据，如图 7-10 所示。

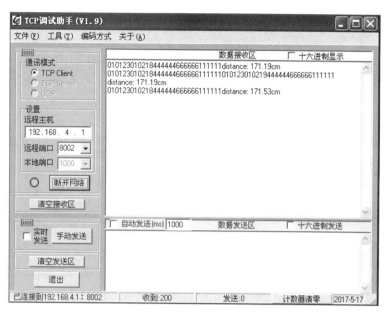

图 7-10 TCP 客户端获取的传感器数据信息

（4）在发送信息栏中，可以通过 TCP 通信方式发送控制命令给 Wi-Fi 模块，从而可以无线控制相应执行机构的开启和关闭。这里可以发送 287，控制继电器开启，再发一次，可以断开继电器，如图 7-11 所示。

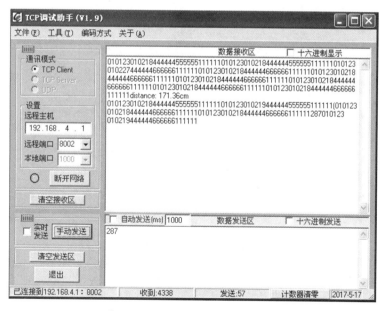

图 7-11 TCP 客户端发送控制命令

（5）如果控制音乐模块的播放和停止，需要在发送信息栏中以十六进制发送命令，如播放音乐命令为 FD0201DF，停止音乐命令为 FD020EDF，如图 7-12 所示。

图 7-12　TCP 客户端发送播放音乐的控制命令

3. 基于安卓移动端进行 TCP 客户端连接 Wi-Fi 模块通信

（1）在安卓移动设备端上，打开 Wi-Fi 功能，连接 Wi-Fi 模块热点 CYWL001，如图 7-13 所示。

图 7-13　连接 Wi-Fi 模块热点

（2）运行安卓手机中的 TCP 调试助手软件，选择 tcp client 通信模式，然后点击"增加"按钮，出现如图 7-14 所示对话框，IP 地址输入 192.168.4.1，端口为 8002。

（3）如果连接 Wi-Fi 模块成功，则显示传感器端周期性传输过来的相关采集数据，如温湿度、光照度以及超声波测距等数据信息，如图 7-15 所示。

图 7-14　设置 tcpclient 连接参数

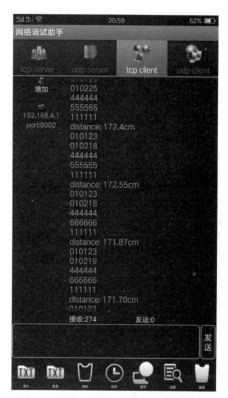

图 7-15　移动设备 TCP 客户端获取的
传感器数据信息

（4）如果发送音乐控制命令，需要将客户端发送方式设置为十六进制，如图 7-16 所示，其他发送命令以文本方式即可。

（5）在发送栏中输入音乐播放控制命令，如 FD0201DF，这里要每两位数值加入空格，然后点击"发送"按钮，即可播放音乐，如图 7-17 所示。

 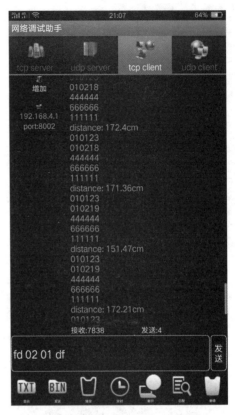

图 7-16　客户端设置十六进制发送方式　　图 7-17　移动设备 TCP 客户端发送音乐控制命令

任务 7.2　基于 Wi-Fi 的 UDP 局域网通信控制应用

7.2.1　任务描述

除了 TCP 可靠连接通信方式之外，还有一种 UDP 通信方式，它是一种面向无连接，且不可靠的协议，在通信过程中，它并不像 TCP 那样需要先建立一个连接，只要目的地址、端口号、源地址、端口号确定了，就可以直接发送信息报文，并且不需要确保服务端一定能收到或收到完整的数据。

7.2.2　任务分析

在本次实验中，物联网实验实训设备上安装了嵌入式智能网关，其中智能网关包括 Wi-Fi 模块，它可以通过网页配置作为 AP 热点和 STA 客户端共存的通信模式，这样 PC 机或者手机可以作为 UDP 客户端向智能网关进行 UDP 连接，实现局域网内的数据采集和设备控制。

7.2.3 操作方法与步骤

1. Wi-Fi 模块网络参数配置

（1）打开物联网设备电源，中央通信处理模块中的 Wi-Fi 模块可以根据相应的参数进行设置，作为 AP 热点组建局域网，或者作为 STA 客户端模式连接路由器，从而通过互联网实现远程采集和控制，如图 7-18 所示。

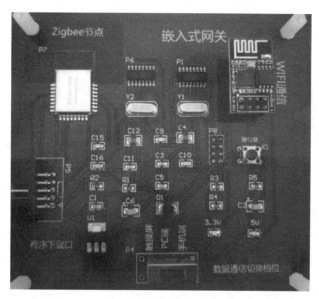

图 7-18 嵌入式智能网关

（2）将功能开关档位切换到手机端档之后，Wi-Fi 模块可以将接收到的控制命令转发到 Zigbee 的各个节点上，从而执行相应控制操作，同时也将传感器采集的数据信息通过 Wi-Fi 模块无线发送至 PC 端或者移动设备端，从而无线接收各种采集数据，如图 7-19 所示。

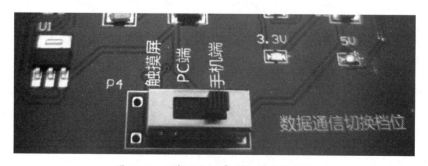

图 7-19 设备端与安卓手机端通信档位

（3）打开 PC 端电脑无线网络通信功能，找到物联网设备 Wi-Fi 模块的热点，这里名称为 CYWL001，然后点击"连接"按钮，如图 7-20 所示，Wi-Fi 模块的热点已连接成功。

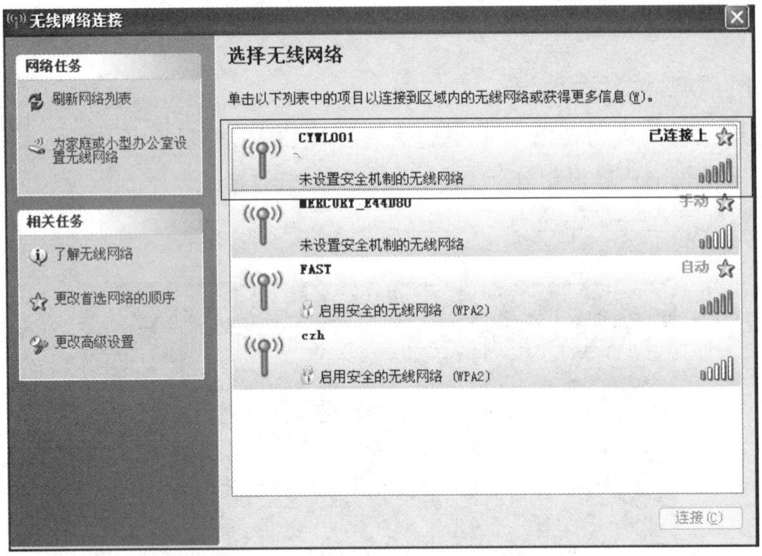

图 7-20　PC 机连接 Wi-Fi 模块热点

（4）打开 PC 端浏览器，输入 http://192.168.4.1，显示如图 7-21 所示的 Wi-Fi 模块网络参数配置界面。

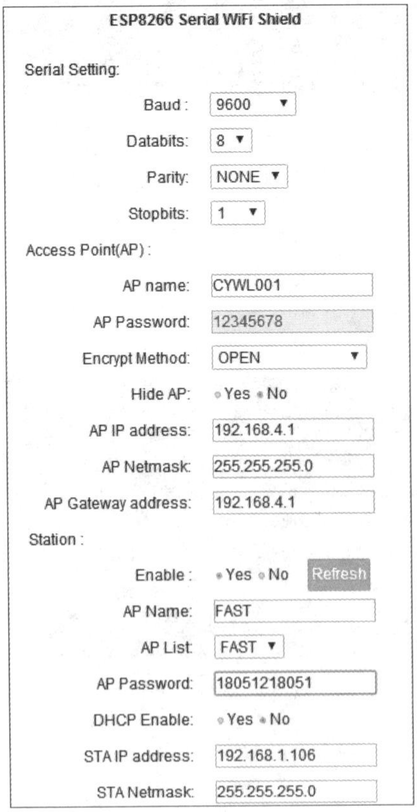

图 7-21　Wi-Fi 模块网络参数配置界面

（5）这里设置 STA 通信方式，Enable 选择 Yes，表示可用 STA 客户端通信模式，AP 名称设置为当前环境下可用的 AP 热点名称，密码为热点密码，IP 地址可以手动设置，如图 7-22 所示。

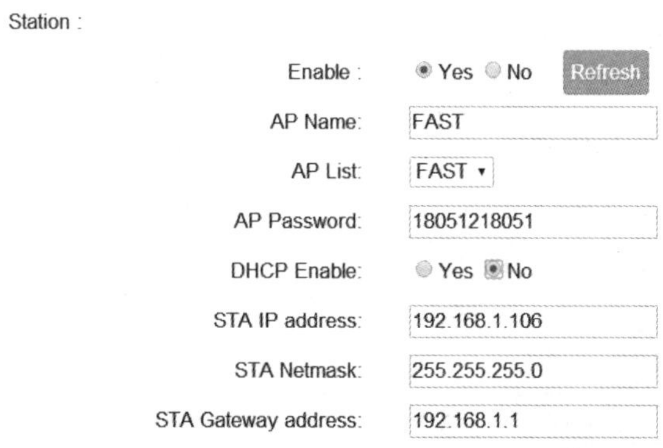

图 7-22　网络 STA 模式参数设置

（6）这里 Socket Type 项选择 Client，传输类型 Transport Type 项选择 UDP，表示网络通信采用 UDP Client 方式进行通信，远程连接 IP 地址为 PC 端的 IP 地址 192.168.1.105，远程连接端口号设为 8002，点击 Submit 按钮，如图 7-23 所示。

图 7-23　UDP Client 通信方式设置

（7）当出现如图 7-24 所示的对话框时，表示 Wi-Fi 模块通过重启之后，参数配置才能生效。

图 7-24　Wi-Fi 模块参数配置重启

2. 基于 PC 端进行 UDP 客户端连接 Wi-Fi 模块通信

（1）找到 PC 端中的 TCP 调试助手软件，如图 7-25 所示。

图 7-25　打开 TCP 调试助手软件

（2）双击 TCP 调试助手软件，运行 TCP 调试助手程序，选择通信模式为 UDP，远程主机 IP 地址为前面 Wi-Fi 模块设置的 IP 地址 192.168.1.106，端口号也为前面 Wi-Fi 模块设置的端口号 8002，如图 7-26 所示。

图 7-26　PC 机 UDP 客户端连接参数配置

（3）点击"开启 UDP"按钮，如果连接 Wi-Fi 模块成功，则会周期性地接收传感器发送过来的各种采集数据，如温湿度、超声波测距等数据，如图 7-27 所示。

图 7-27　UDP 客户端获取的传感器数据信息

（4）在发送信息栏中，可以通过 UDP 通信方式发送控制命令给 Wi-Fi 模块，从而可以无线控制相应执行机构的开启和关闭。这里可以发送 297，控制步进电机正转，再发送 2A7，可以控制步进电机反转，如图 7-28 所示。

图 7-28　UDP 客户端发送控制命令

（5）如果控制音乐模块的播放和停止，需要在发送信息栏中以十六进制发送命令，如播放音乐命令为 FD0201DF，停止音乐命令为 FD020EDF，如图 7-29 所示。

图 7-29　UDP 客户端发送播放音乐的控制命令

3. 基于安卓移动端进行 TCP 客户端连接 Wi-Fi 模块通信

（1）在安卓移动设备端上，打开 Wi-Fi 功能，连接当前环境下可用的热点 FAST，如图 7-30 所示。

图 7-30　连接路由器热点

（2）运行安卓手机中的 TCP 调试助手软件，选择 udp client 通信模式，然后点击"增加"按钮，出现如图 7-31 所示对话框，IP 地址栏输入 Wi-Fi 模块 IP 地址 192.168.1.106，端口为 8002。

（3）如果发送控制命令，需要将客户端发送方式进行设置为文本方式，这里发送 287 控制继电器闭合和断开，如图 7-32 所示，以十六进制方式发送音乐命令即可。

图 7-31　设置 tcpclient 连接参数　　　图 7-32　移动设备 UDP 客户端发送控制命令

任务 7.3 基于 Wi-Fi 的智能家居远程通信控制应用

7.3.1　任务描述

目前无线 Wi-Fi 智能家居产品应用涵盖的范围很广泛，小到智能家电某个电子产品的智能化，大到智能家电整个控制系统。用户可以通过无线 Wi-Fi 网络进行连接，用智能手机或者平板下载相应的 APP 软件并且安装好，然后利用手机 APP 就可以实现，随时随地（甚至在国外）进行远程控制 Wi-Fi 智能家居系统。

7.3.2　任务分析

在本次实验中，物联网实验实训设备上安装了嵌入式智能网关，其中智能网关包

项目 7

括 Wi-Fi 模块，它可以通过网页配置作为 AP 热点和 STA 客户端共存的通信模式，这样 PC 机或者手机可以作为客户端连接第三方提供的公网 TCP 转发客户端的服务器，如图 7-33 所示，实现外网远程数据采集和设备控制。

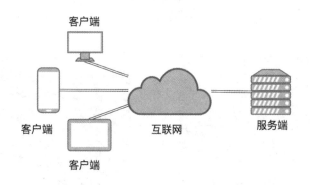

图 7-33　远程网络通信图

7.3.3　操作方法与步骤

1．Wi-Fi 模块网络参数配置

（1）打开物联网设备电源，中央通信处理模块中的 Wi-Fi 模块可以根据相应的参数进行设置，作为 AP 热点组建局域网，或者作为 STA 客户端模式连接路由器，从而通过连接互联网，实现远程采集和控制，如图 7-34 所示。

图 7-34　嵌入式智能网关

（2）将功能开关档位切换到手机端档之后，Wi-Fi 模块可以将接收到的控制命令转

发到 Zigbee 的各个节点上，从而执行相应控制操作，同时也将传感器采集的数据信息通过 Wi-Fi 模块无线发送至 PC 端或者移动设备端，从而无线接收各种采集数据，如图 7-35 所示。

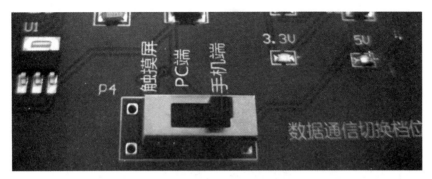

图 7-35　设备端与安卓手机端通信档位

（3）打开 PC 端电脑无线网络通信功能，找到物联网设备 Wi-Fi 模块的热点，这里名称为 CYWL001，然后点击"连接"按钮，如图 7-36 所示，Wi-Fi 模块的热点已连接成功。

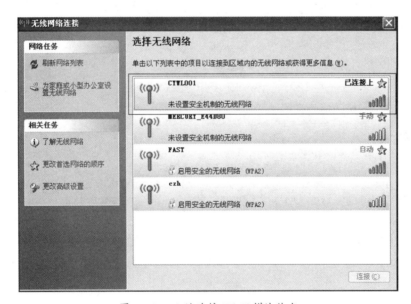

图 7-36　PC 端连接 Wi-Fi 模块热点

（4）打开 PC 端浏览器，输入 http://192.168.4.1，显示如图 7-37 所示的 Wi-Fi 模块网络参数配置界面。

（5）这里设置 STA 通信方式，Enable 选择 YES，表示可用 STA 客户端通信模式，AP 名称设置为当前环境下可用的 AP 热点名称，密码为热点密码，DHCP Enable 选择 Yes，这样 Wi-Fi 模块的 IP 地址可以自动进行分配，如图 7-38 所示。

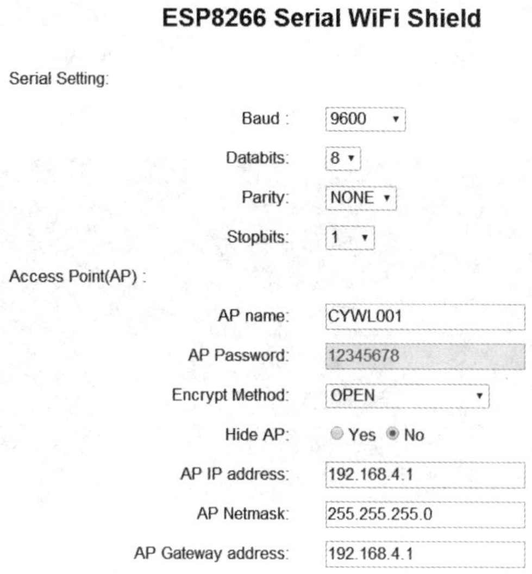

ESP8266 Serial WiFi Shield

Serial Setting:

Baud :	9600 ▾
Databits:	8 ▾
Parity:	NONE ▾
Stopbits:	1 ▾

Access Point(AP) :

AP name:	CYWL001
AP Password:	12345678
Encrypt Method:	OPEN ▾
Hide AP:	○ Yes ◉ No
AP IP address:	192.168.4.1
AP Netmask:	255.255.255.0
AP Gateway address:	192.168.4.1

图 7-37　Wi-Fi 模块网络参数配置界面

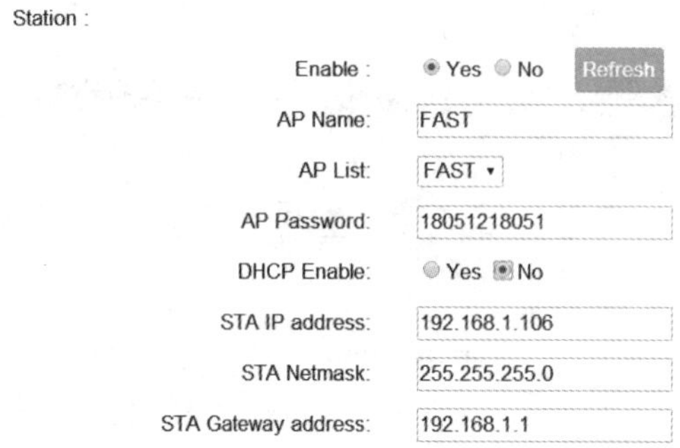

Station :

Enable :	◉ Yes ○ No　Refresh
AP Name:	FAST
AP List:	FAST ▾
AP Password:	18051218051
DHCP Enable:	○ Yes ◉ No
STA IP address:	192.168.1.106
STA Netmask:	255.255.255.0
STA Gateway address:	192.168.1.1

图 7-38　网络 STA 模式参数设置

（6）这里 Socket Type 项选择 Client，传输类型 Transport Type 项选择 TCP，表示网络通信采用 TCP Client 方式进行通信，远程连接 IP 地址为 PC 端的 IP 地址 115.29.109.104，这是第三方提供的公网 TCP 转发客户端数据的 IP 地址，远程连接端口号设为 6595。这样就可以通过外网进行远程采集和控制操作，点击 Submit 按钮，如图 7-39 所示。

NetWork Setting:

Socket Type:	○ Server ◉ Client
Transport Type:	◉ TCP ○ UDP
Remote IP:	115.29.109.104
Remote Port:	6595

Submit　FactoryDefault

图 7-39　TCPClient 通信方式设置

（7）当出现如图 7-40 所示的对话框时，表示 Wi-Fi 模块通过重启之后，参数配置才能生效。

图 7-40　Wi-Fi 模块参数配置重启

2. 基于 PC 端进行 TCP 客户端连接 Wi-Fi 模块通信

（1）找到 PC 端中的 TCP 调试助手软件，如图 7-41 所示。

图 7-41　打开 TCP 调试助手软件

（2）双击 TCP 调试助手软件，运行 TCP 调试助手程序，选择通信模式为 TCP Client，远程主机 IP 地址为前面 Wi-Fi 模块设置的 IP 地址 115.29.109.104，端口号也为前面 Wi-Fi 模块设置的端口号 6595，此时需要 PC 机能够联入互联网并进行外网访问，如图 7-42 所示。

（3）点击"连接网络"按钮，如果连接外网成功，则会周期性地接收传感器发送过来的各种采集数据，如温湿度、超声波测距等数据，如图 7-43 所示。

图 7-42　PC 机 TCP 客户端连接参数配置

图 7-43　TCP 客户端远程获取的传感器数据信息

（4）在发送信息栏中，可以通过 TCP 通信方式发送控制命令给 Wi-Fi 模块，从而可以无线控制相应执行机构的开启和关闭。这里可以发送 297，控制步进电机正转，再发送 2A7，可以控制步进电机反转，其他发送命令可以参考前面项目中详细介绍的控制命令，如图 7-44 所示。

（5）如果控制音乐模块的播放和停止，需要在发送信息栏中以十六进制发送命令，如播放音乐命令为 FD0201DF，停止音乐命令为 FD020EDF，其他音乐控制命令可以参考项目六中介绍的控制命令，如图 7-45 所示。

图 7-44 TCP 客户端发送控制命令

图 7-45 TCP 客户端发送播放音乐的控制命令

3. 基于安卓移动端进行 TCP 客户端远程连接 Wi-Fi 模块通信

（1）在安卓移动设备端上，打开移动数据访问功能，运行安卓手机中的智能家居软件，如图 7-46 所示。

（2）点击网络设置选项，出现如图 7-47 所示对话框，输入前面设置 IP 地址，然后点击"确定"按钮，如果出现连接成功信息，则表示联网成功，IP 地址栏输入 IP 地址 115.29.109.104。

图 7-46　智能家居 APP 主界面

图 7-47　设置 IP 地址参数

（3）连接网络成功之后，可以点击环境气候选项，出现如图 7-48 所示的环境气候操作界面，这里可以实时显示当前的温湿度数据，并可以远程控制风扇和继电器的开启和关闭操作。

图 7-48　智能家居环境气候操作界面

（4）连接网络成功之后，可以点击智能影音选项，出现如图 7-49 所示的智能影音操作界面，这里可以实时控制音乐的播放和停止、音乐的音量调节以及选择前一首或者下一首歌曲的播放等。

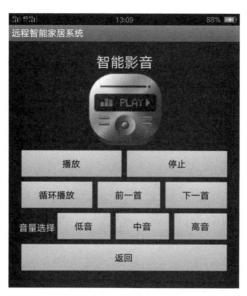

图 7-49　智能家居音乐播放操作界面

（5）连接网络成功之后，可以点击灯光照明选项，出现如图 7-50 所示的灯光照明操作界面，这里可以实时显示当前的光照信息，并可以远程控制 LED 灯开启和关闭操作以及步进电机的正转和反转。

图 7-50　智能家居灯光照明操作界面

知识链接

近几年来，全球通信技术日新月异，各种技术层出不穷。尤其是近两三年来，无线通信技术的发展速度与应用领域已经超过了固定通信技术，呈现出如火如荼的发展态势。

短距离无线通信系统具有低成本、低功耗和对等通信三个重要特征和优势。终端间的直通能力即实现对等通信是短距离无线通信的重要特征，这有别于长距离无线通信技术。终端之间的对等通信，不需要网络基础设施进行中转，因此接口设计和高层协议相对比较简单，无线资料的管理最常采用竞争的方式为载波侦听。

目前主流的短距离无线通信技术包括蓝牙（Bluetooth）、Wi-Fi、ZigBee、NFC、UWB 等，它们之间的简单比较见表 7-1。

表 7-1　几种常用通信技术的比较

	蓝牙	Wi-Fi	ZigBee	NFC	UWB
成本	较低	较高	最低	较低	最高
电池寿命	几天	几天	几年	不需电池	几小时
有效距离	10m	100m	10-100m	20cm	30m
传输速率	1～3Mbps	5.5/11Mbps	20/40/250Kbps	424Kbps	40～600Mbps
采用协议	802.15.1	802.11b	802.15.4	ISO/IEC18092 ISO/IEC21481	未制定
通信频率	2.4GHz	2.4GHz	868MHz/915MHz/2.4GHz	13.56MHz	3.1～10.6GHz

1. 蓝牙技术

蓝牙技术是近几年广受业界关注的近距离无线连接技术。它是一种无线数据与语音通信的开放全球规范，它以低成本的短距离无线连接为基础，可为固定的或移动的终端提供廉价的接入服务。

蓝牙是一种无线数据与语音通信的开放全球规范，其实质内容是为固定设备或移动设备之间的通信环境建立通用的近距离无线接口，将通信技术与计算机技术进一步结合起来，使各种设备在没有电缆或电缆相互连接的情况下，能在近距离范围内实现相互通信或操作。其传输频段为全球公众通用的 2.4GHz ISM 频段，提供 1～3Mbps 的传输速率和 10m 的传输距离。蓝牙技术的典型应用如图 7-51 所示。

2. Wi-Fi 技术

Wi-Fi（Wireless-Fidelity）是一种可以将个人电脑、手持设备（如 PDA、手机）等终端以无线方式互相连接的技术，事实上它是一个高频无线电信号。无线保真是一个无线网络通信技术的品牌，由 Wi-Fi 联盟所持有。其目的是改善基于 IEEE 802.11 标准的无线网络产品之间的互通性。

Wi-Fi 技术与蓝牙技术一样，同属于在办公室和家庭中使用的短距离无线技术。该技术使用的是 2.4GHz 附近的频段，该频段目前尚属不用许可的无线频段。Wi-Fi 是以太网的一种无线扩展，理论上要求用户位于一个接入点四周的一定区域内，但实际上，如果有许多用户同时通过一个接入点接入，带宽被多个用户分享。Wi-Fi 的连接速度一般只有几百 KB/s，信号不受墙壁阻隔，在建筑物内的有效传输距离小于户外。Wi-Fi 技术的典型应用如图 7-52 所示。

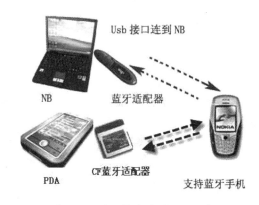

图 7-51　蓝牙技术典型应用示意图

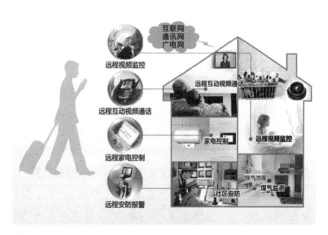

图 7-52　Wi-Fi 技术典型应用示意图

3. ZigBee 无线传感技术

Zigbee 是一种崭新的，专注于低功耗、低成本、低复杂度、低速率的近程无线网络通信技术。ZigBee 无线传感网络是基于 IEEE 802.15.4 技术标准和 ZigBee 网络协议而设计的无线数据传输网络。该网络系统主要用于短距离无线系统连接，提供传感器或二次仪表无线双工网络接入，能够满足对各种传感器的数据输出、输入控制命令和信息的需求，并且使现有系统网络化、无线化。如图 7-53 所示，系统设计可允许使用第三方的传感器、执行器件或低带宽数据源。

ZigBee 网络中提供 3 种网络设备类型，分别是协调器、路由器以及终端节点。一个 ZigBee 网络在网络建立初期，必须有一个也只能有一个协调器，因为协调器是整个网络的开端，要完成通信就必须在网络中再添加一个路由器或者终端节点。路由器是一种支持关联的设备，能够将消息发到其他设备。ZigBee 网络可以有多个 ZigBee 路由器。ZigBee 星形网络不支持 ZigBee 路由器。终端设备可以执行其他相关功能，并使用 ZigBee 网络到达其他需要与之通信的设备，终端设备的存储器容量要求最少，可以将 ZigBee 终端节点进行低功耗设计。在使用 ZigBee 协议栈进行无线网络数据通信时，数据包能被广播传输、组播传输或者单播传输。

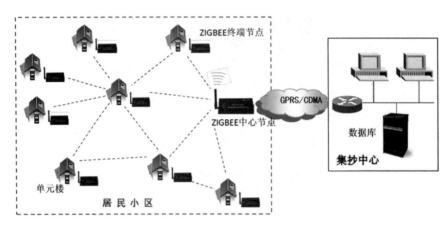

图 7-53　Zigbee 技术典型应用（居民小区无线远程抄表系统）

ZigBee 无线传感网络系统的主要特点如下：

（1）支持 ZigBee 网络协议。ZigBee 无线传感网络支持 ZigBee 网络协议，数据传输中采用多层次握手方式，来保证数据传输的准确可靠。它采用 2.4GHz 频率，功率小、灵活度高，符合环保要求及国际通用无需批准的规范。

（2）组网灵活，配置快捷。无线传感器网络系统非常容易配置，组网接入灵活、方便，几个、几十个或几百个传感器节点均可，理论最多可达 65535 万个，可以在需要安放传感器的地方任意布置无需电源和数据线，增加和减少数据节点非常容易。由于没有数据线，省去了综合布线的成本，传感器无线网络更容易应用，安装成本非常低。

（3）节点功耗低。系统节点耗电低，电池使用时间长，支持各种类型传感器和执行器件。

（4）双向传送数据和控制命令。系统不但可以从网络节点传出数据，而且其双向通信功能可以将控制命令传到无线终端相连的传感器、无线路由器，也可将数据送入到网络显示或控制远程设备。

（5）全系统可靠性自动恢复功能。系统内置冗余可以保证万一个节点不在网络系统中，节点数据将自动路由到一个替换节点，以保证系统的可靠稳定。

（6）迅速、简单的自动配置。系统具有无线传感器网络终端自动配置，可根据终端节点上的 LED 灯的颜色变化，判断该终端节点是否还在网络中。

思考与练习

一、填空题

1．目前主流的短距离无线通信技术包括 _____、_____、_____、NFC、UWB 等。

2．蓝牙传输频段为全球公众通用的 _____Hz ISM 频段，提供 ___ ～ ___Mbps 的传输速率和 _____m 的传输距离

3．Wi-Fi（Wireless-Fidelity）是一种可以将 _____、_____ 等终端以无线方式互相连接的技术 。

4．Zigbee 是一种崭新的，专注于 _____、_____、_____、低速率的近程无线网络通信技术。

5．ZigBee 网络中提供 3 种网络设备类型，分别是 _____、_____ 以及 _____。

二、简答题

1．简述蓝牙技术。

2．简述 Wi-Fi 技术。

3．简述 Zigbee 无线传感技术。

三、举例说明

1．列举一些蓝牙技术应用的领域。

2．列举一些 Wi-Fi 技术应用的领域。

3．列举一些 ZigBee 技术应用的领域。

参考文献

[1] 李旭，刘颖. 物联网通信技术 [M]. 北京：北京交通大学出版社，2014.

[2] 王浩，浦灵敏. 物联网技术应用开发 [M]. 北京：中国水利水电出版社，2015.

[3] 魏旻，王平. 物联网导论 [M]. 北京：人民邮电出版社，2015.

[4] 申时凯. 佘玉梅. 物联网的技术开发与应用研究 [M]. 长春：东北师范大学出版社，2017.